全国高职高专机械设计制造类工学结合"十二五"规划系列教材

# 机械制图及计算机绘图习题集

主　编　吴悦乐　李　芬　须　丽
副主编　孟　灵　张同彪　徐保亮　陈　明　沈　锋

华中科技大学出版社
中国·武汉

## 内 容 简 介

本书是与教材《机械制图及计算机绘图》(上册:李芬,等主编;下册:须丽,等主编)配套的习题集,其编排顺序与教材的体系基本一致,内容包括机械制图的基本知识、正投影的基本原理、立体的投影、组合体的投影、机件的表达方法、标准件与常用件、零件图、装配图、机械三维图形简介等。

本书可与高职高专机械及近机械类专业"机械制图及计算机绘图"课程或相近课程的教材配套使用,也可供工程技术人员参考。

**图书在版编目(CIP)数据**

机械制图及计算机绘图习题集/吴悦乐,李芬,须丽主编. —武汉:华中科技大学出版社,2012.7(2019.9重印)
ISBN 978-7-5609-7966-3

Ⅰ.①机… Ⅱ.①吴… ②李… ③须… Ⅲ.①机械制图-高等职业教育-习题集 ②机械制图-计算机制图-高等职业教育-习题集 Ⅳ.①TH126

中国版本图书馆 CIP 数据核字(2012)第 086056 号

**机械制图及计算机绘图习题集**   吴悦乐 李 芬 须 丽 主编

策划编辑:万亚军
责任编辑:刘 飞
封面设计:范翠璇
责任校对:朱 霞
责任监印:张正林
出版发行:华中科技大学出版社(中国·武汉)   电话:(027)81321913
    武汉市东湖新技术开发区华工科技园   邮编:430223
录   排:华中科技大学惠友文印中心
印   刷:武汉科源印刷设计有限公司
开   本:787mm×1092mm 1/8
印   张:21.5
字   数:632 千字
版   次:2019 年 9 月第 1 版第 2 次印刷
定   价:38.00 元

本书若有印装质量问题,请向出版社营销中心调换
全国免费服务热线:400-6679-118   竭诚为您服务
版权所有   侵权必究

# 全国高职高专机械设计制造类工学结合"十二五"规划系列教材

## 编 委 会

**丛书顾问**

陈吉红 (华中科技大学)

**委员(以姓氏笔画为序)**

万金宝 (深圳职业技术学院)
王　平 (广东工贸职业技术学院)
王兴平 (常州轻工职业技术学院)
王连弟 (华中科技大学出版社)
王怀奥 (浙江工商职业技术学院)
王晓东 (长春职业技术学院)
王凌云 (上海工程技术大学)
王逸民 (贵州航天工业职业技术学院)
王道宏 (嘉兴职业技术学院)
牛小铁 (北京工业职业技术学院)
毛友新 (安徽工业经济职业技术学院)
尹　霞 (湖南化工职业技术学院)
田　鸣 (大连职业技术学院)
刑美峰 (包头职业技术学院)
吕修海 (黑龙江农业工程职业学院)

朱江峰 (江西工业工程职业技术学院)
刘　敏 (烟台职业学院)
刘小芹 (武汉职业技术学院)
刘小群 (江西工业工程职业技术学院)
刘战术 (广东轻工职业技术学院)
孙慧平 (宁波职业技术学院)
杜红文 (浙江机电职业技术学院)
李　权 (滨州职业学院)
李传军 (承德石油高等专科学校)
吴新佳 (郑州铁路职业技术学院)
何晓凤 (安徽机电职业技术学院)
宋放之 (北京航空航天大学)
张　勃 (漯河职业技术学院)
张　健 (十堰职业技术学院)
张　焕 (郑州牧业工程高等专科学校)
张云龙 (青岛职业技术学院)
张俊玲 (贵州工业职业技术学院)
陈天凡 (福州职业技术学院)

陈泽宇 (广州铁路职业技术学院)
罗晓晔 (杭州科技职业技术学院)
金　潍 (江苏畜牧兽医职业技术学院)
郑　卫 (上海工程技术大学)
胡翔云 (湖北职业技术学院)
荣　标 (宁夏工商职业技术学院)
贾晓枫 (合肥通用职业学院)
黄定明 (武汉电力职业技术学院)
黄晓东 (九江职业技术学院)
崔西武 (武汉船舶职业技术学院)
阎瑞涛 (黑龙江农业经济职业学院)
葛建中 (芜湖职业技术学院)
董建国 (湖南工业职业技术学院)
窦　凯 (广州番禺职业技术学院)
颜惠庚 (常州工程职业技术学院)
魏　兴 (六安职业技术学院)

**秘　书** 季　华　万亚军

全国高职高专机械设计制造类工学结合"十二五"规划系列教材

# 序

目前我国正处在改革发展的关键阶段，深入贯彻落实科学发展观，全面建设小康社会，实现中华民族伟大复兴，必须大力提高国民素质，在继续发挥我国人力资源优势的同时，加快形成我国人才竞争比较优势，逐步实现由人力资源大国向人才强国的转变。

《国家中长期教育改革和发展规划纲要(2010—2020年)》提出：发展职业教育是推动经济发展、促进就业、改善民生、解决"三农"问题的重要途径，是缓解劳动力供求结构矛盾的关键环节，必须摆在更加突出的位置；职业教育要面向人人、面向社会，着力培养学生的职业道德、职业技能和就业创业能力。

高等职业教育是我国高等教育和职业教育的重要组成部分，在建设人力资源强国和高等教育强国的伟大进程中肩负着重要使命，发挥着不可替代的作用。自从1999年党中央、国务院提出大力发展高等职业教育以来，培养了1300多万名高素质技能型专门人才，为加快我国工业化进程提供了重要的人力资源保障，为加快发展先进制造业、现代服务业和现代农业作出了积极贡献；高等职业教育紧密联系社会经济，积极推进校企合作、工学结合人才培养模式改革，办学水平不断提高。

"十一五"期间，在教育部的指导下，教育部高职高专机械设计制造类专业教学指导委员会根据《教育部高职高专机械设计制造类专业教学指导委员会章程》，积极开展国家级精品课程评审推荐、机械设计与制造类专业规范和模具实训基地方案制定工作，积极参与教育部全国职业技能大赛(高职组)赛事，引领了机械制造类专业教学改革。教育部高职高专机械设计制造类专业教学指导委员会数控分委会联合华中数控股份有限公司就《高等职业教育数控专业核心课程设置及教学计划指导书(草案)》面向部分实力较强的高职高专院校进行了调研，收到了多所院校反馈的意见。2011年3月，根据各院校反馈的意见，教育部高职高专机械设计制造类专业教学指导委员会委托华中科技大学出版社联合国家示范(骨干)高职院校、部分重点高职院校、华中数控股份有限公司和国家精品课程负责人、一批层次比较高的高职院校教师组成编委会，组织编写全国高职高专机械设计制造类工学结合"十二五"规划系列教材。

本套教材是各参与院校"十一五"期间国家级示范院校的建设经验以及校企结合的办学模式、工学结合的人才培养模式改革成果的总结，也是各院校任务驱动、项目导向等"教、学、做"一体的教学模式改革的探索。与普通高等教育教材相比，高职教材有自己的特点，需要创新和改革，因此，希望在教材的编写中，着力构建具有机械类高等职业教育特点的课程体系，以职业技能的培养为根本，与企业对人才的需求紧密结合，力求满足学科、教学和社会三方面的需求；在结构上和内容上体现思想性、科学性、先进性和实用性，把握行业岗位要求，突出职业教育特色。

具体来说，要达到以下几点。

(1) 反映教改成果，接轨职业岗位要求。紧跟任务驱动、项目导向等"教、学、做"一体的教学改革步伐，反映高职机械设计制造类专业教改成果，引领职业教育教材发展趋势，注重满足企业岗位任职的知识要求，提升学生的就业竞争力。

(2) 创新模式，理念先进。创新教材编写体例和内容编写模式，迎合高职学生思维活跃的特点，体现工学结合特色。教材的编写以纵向深入和横向宽广为原则，突出课程的综合性，淡化学科界限，对课程采取精简、融合、重组、增设等方式进行优化。

(3) 突出技能，引导就业。注重实用性，以就业为导向，专业课围绕高素质技能型专门人才的培养目标，强调促进学生知识运用能力，突出实践能力培养原则，构建以现代数控技术、模具技术应用能力为主线、相对独立的实践教学体系，充分体现理论与实践的结合，知识传授与能力、素质培养的结合。

当前，工学结合的人才培养模式和项目导向的教学模式改革还需要继续深化，体现工学结合特色的项目化教材的建设还是一个新生事物，处于探索之中。随着这套教材投入教学使用，并经过教学实践的检验，它将不断得到改进、完善和提高，为我国现代职业教育体系的建设和高素质技能型专门人才的培养作出积极贡献。

谨为之序。

教育部高职高专机械设计制造类专业教学指导委员会主任委员  
国家数控系统技术工程研究中心主任  
华中科技大学教授、博士生导师  

陈吉红  

2012年1月于武汉

# 前 言

为了满足新形势下高职教育高素质技能型专门人才的培养要求，在总结近年来工作过程导向人才教学实践的基础上，由来自上海工程技术大学高等职业技术学院和襄阳职业技术学院等院校的教学一线教师编写了本习题集。

本习题集与李芬、须丽等主编的《机械制图及计算机绘图》配套使用。本习题集是根据机械制图课程教学的基本要求，结合高职学生的认知规律，严格遵守"技术制图"、"机械制图"、"计算机绘图"等相关技术标准，结合上、下册中机械制图的基本知识、正投影的基本原理、立体的投影、组合体的投影、机件的表达方法、标准件与常用件、零件图、装配图、机械三维图形简介等方面的内容而编写的。

本习题集为全国高职高专机械设计制造类工学结合"十二五"规划系列教材，具有以下特点。

1. 内容丰富、覆盖面广、选题典型、图形准确，并采用了最新国家标准编写。
2. 在体系上紧扣配套教材，为了便于教学，习题的编排顺序与教材一致，并保持由浅入深、循序渐进的风格。
3. 所选习题难易搭配得当，为保证教师在布置练习或作业时有一定的选择余地，重点章节选编了较多的题目。
4. 习题题型多样化，既有计算机绘图题也有尺规作图题，可供不同教学阶段使用，充分体现了实践性。

本习题集由上海工程技术大学高等职业技术学院吴悦乐，襄阳职业技术学院李芬，上海工程技术大学高等职业技术学院须丽任主编，由襄阳职业技术学院孟灵，上海工程技术大学高等职业技术学院张同彪、徐保亮，襄阳职业技术学院陈明、沈锋任副主编。

本书的编写得到了教育部高职高专机械设计制造类教学指导委员会主任委员陈吉红教授的亲切指导，以及各参编院校领导的大力支持，在此表示衷心感谢。

由于编者水平有限，书中定有错误和不足之处，恳请广大读者批评指正。

编　者
2012.2

# 目 录

第 1 章　机械制图的基本知识 ...... 1

第 2 章　正投影的基本原理 ...... 13

第 3 章　立体的投影 ...... 32

第 4 章　组合体的投影 ...... 45

第 5 章　机件的表达方法 ...... 67

第 6 章　标准件与常用件 ...... 93

第 7 章　零件图 ...... 108

第 8 章　装配图 ...... 129

第 9 章　略

第 10 章　机械三维图形简介 ...... 150

# 第1章 机械制图的基本知识

## 1-1 字体练习一

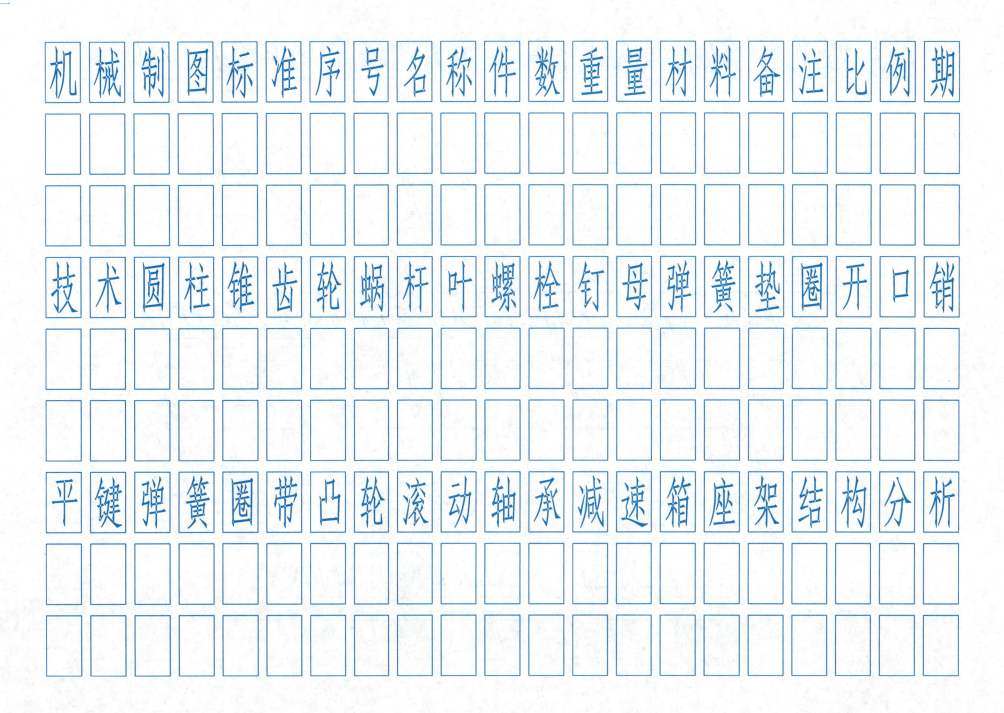

机械制图标准序号名称件数重量材料备注比例期

技术圆柱锥齿轮蜗杆叶螺栓钉母弹簧垫圈开口销

平键弹簧圈带凸轮滚动轴承减速箱座架结构分析

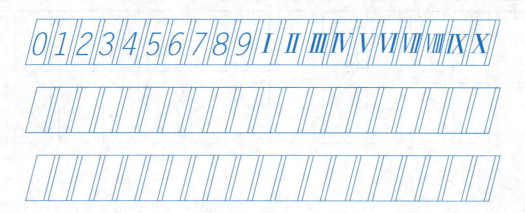

1-3 线型作业

1. 目的与要求

(1) 目的：初步掌握"技术制图"的有关内容，掌握使用绘图仪器和工具的方法。

(2) 要求：图形正确，布局适当，线型合格，字体工整，符合国标，图面整洁。

2. 内容

(1) 绘制图框和标题栏。

(2) 按图例要求绘制各种图线。

(3) 用 A4 图纸，竖放，不注尺寸，比例 1:1。

3. 绘图步骤及注意事项

(1) 绘图前应对所画图形仔细分析研究，以确定正确的作图步骤，按图例中所注的尺寸，从图纸有效幅面的中心处(标题栏以上图框对角线的交点)开始作图。

(2) 线型：粗实线宽度为 0.7~0.9 mm，细虚线及细实线宽度为粗实线的 1/2，虚线长度约为 3 mm，间隙为 1 mm，点画线长 12~15 mm，间隙及点的长度约为 2 mm。

(3) 字体：图中的汉字均写成长仿宋体，姓名写在"制图"栏内，用 5 号字。

(4) 箭头：宽 0.7~0.9 mm，长为宽的 6 倍左右。

(5) 完成底稿后，经仔细校核后方可加深，用铅笔加深时，圆规的铅笔芯应比画直线的铅笔芯软一号。

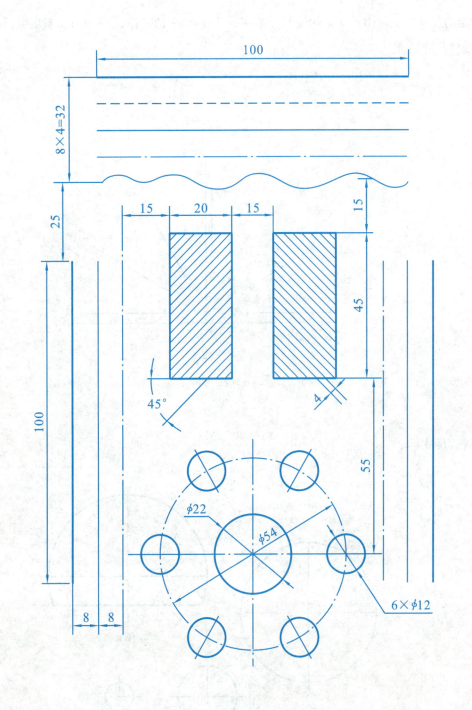

注：本书中未作特别标注，其尺寸单位为mm。

专业班级　　姓名　　学号

1-4 尺寸标注一

在给定的尺寸线上画出箭头，填写尺寸数字或角度数字 (数值从图中按 1:1 量取并圆整)。

(1) 线性尺寸。

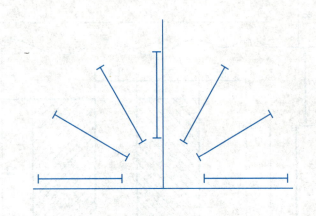

(2) 角度尺寸。

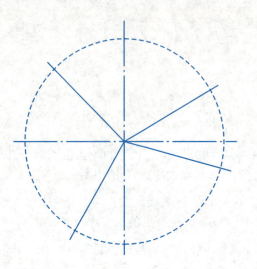

(3) 圆弧尺寸。

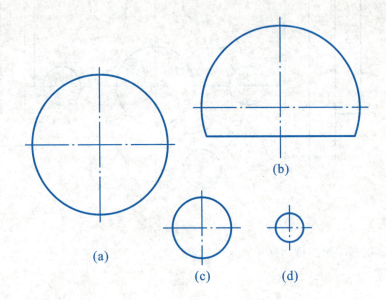

(4) 小尺寸标注(长度为 3，半径为 5，直径为 10)。

专业班级　　　姓名　　　学号

1-5 尺寸标注二

(1) 在下列图形中标注尺寸数值并补全箭头(尺寸数值从图中按1:1量取并圆整)。

(2) 修正尺寸标注。

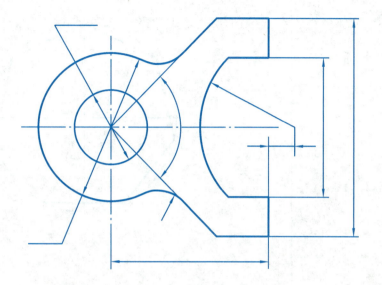

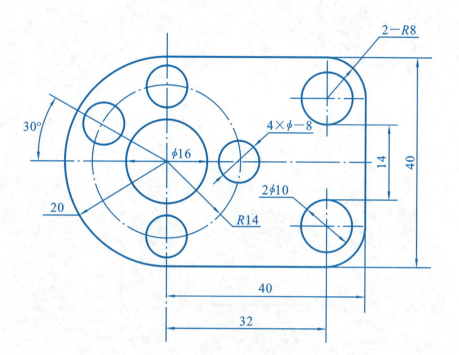

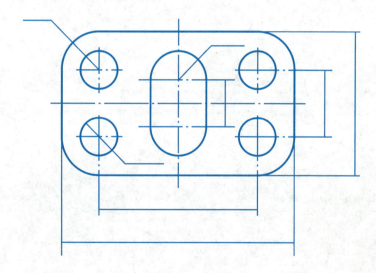

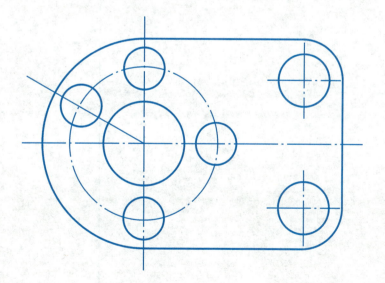

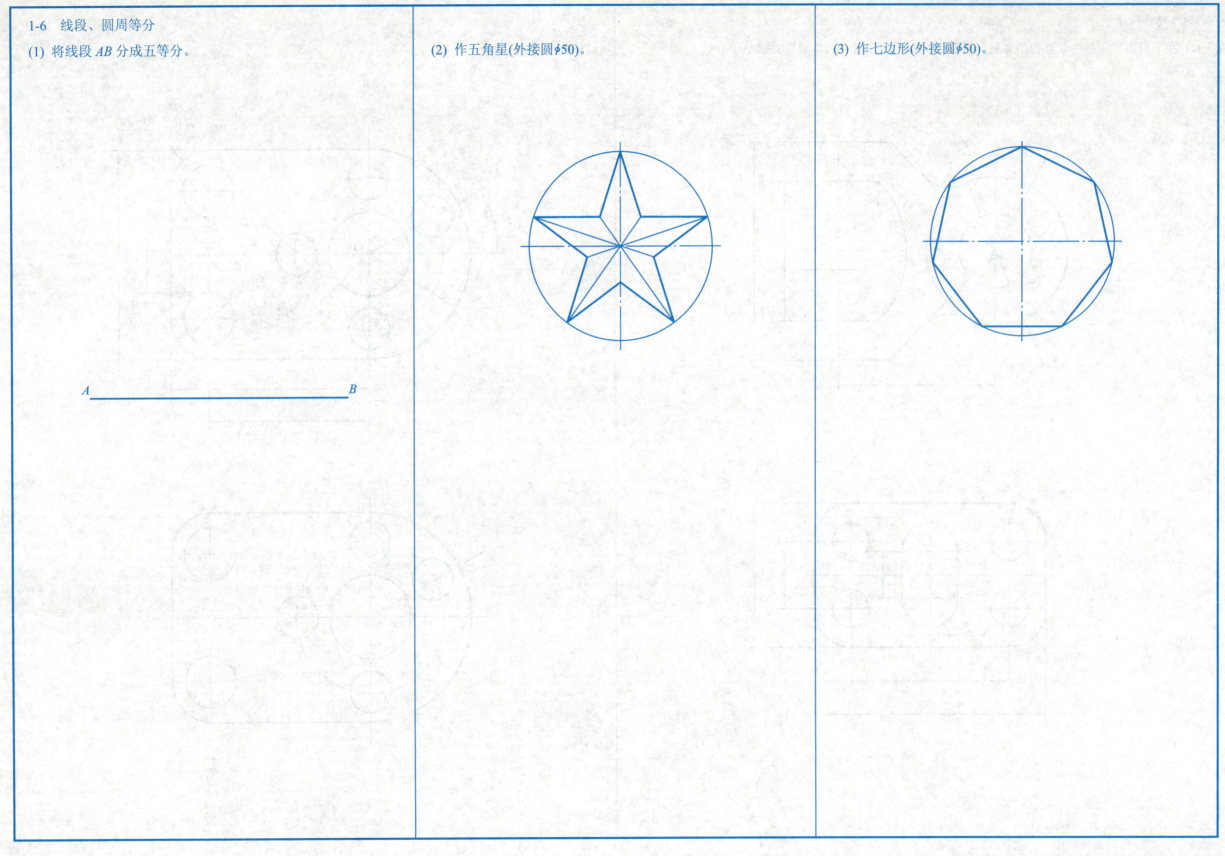

1-7 斜度、锥度画法

(1) 参照下图所示图形,用 1:2 的比例在指定位置画全图形的轮廓。

(2) 参照下图所示图形,用 1:1 的比例在指定位置画全图形的轮廓。

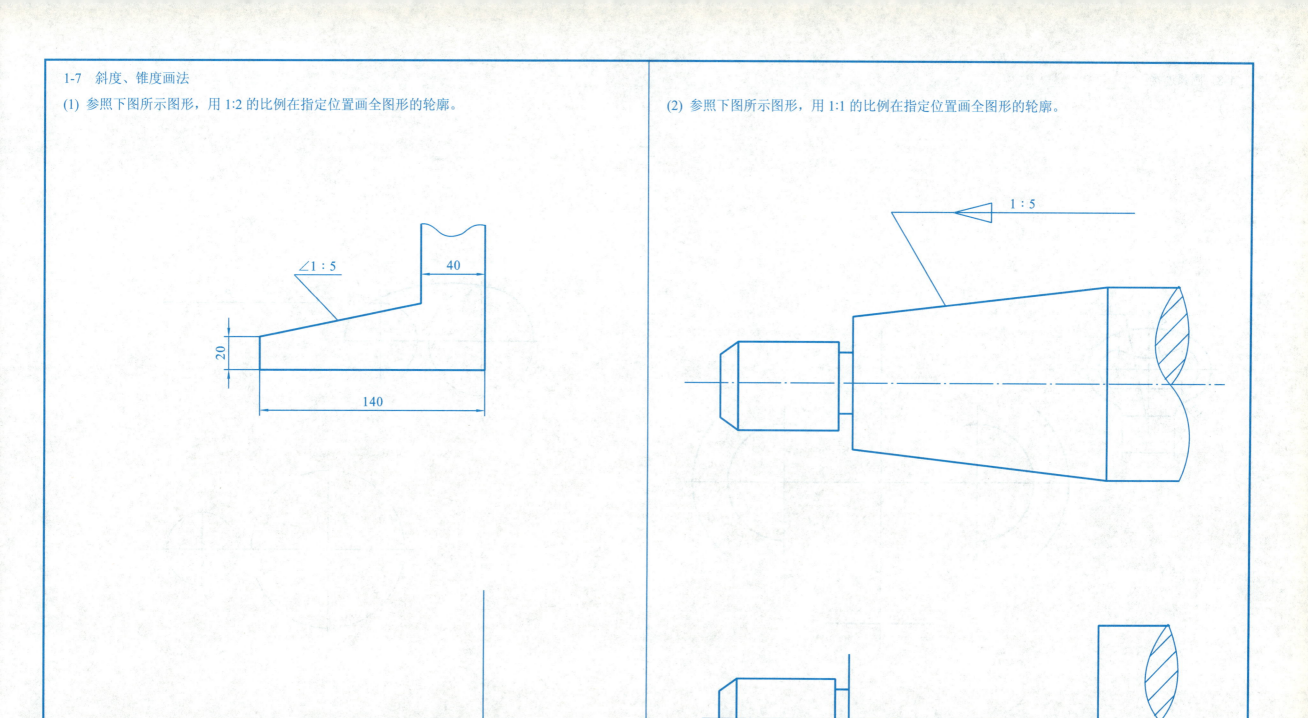

专业班级　　　　姓名　　　　学号

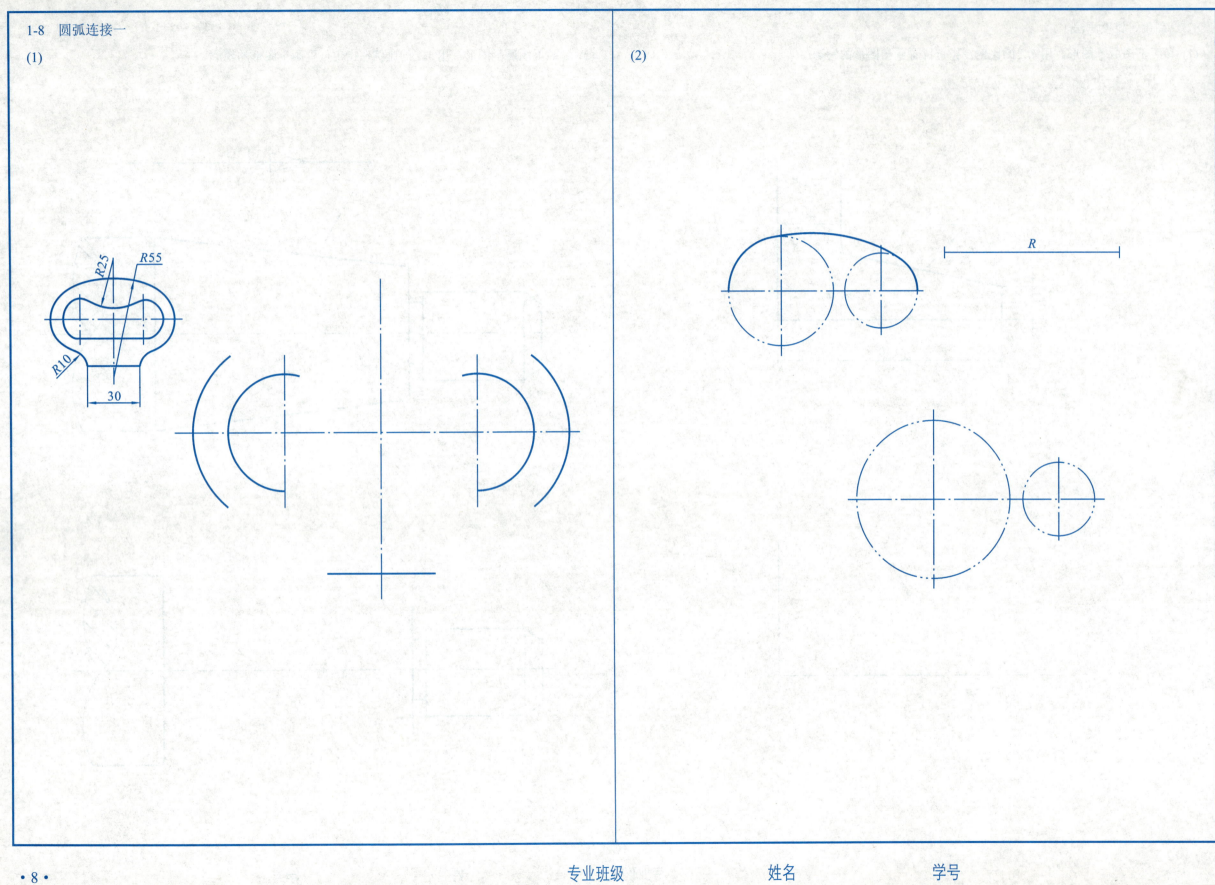

1-9 圆弧连接二

按下列图形中的尺寸，画全图形的轮廓，不标注尺寸。

(1)

(2)

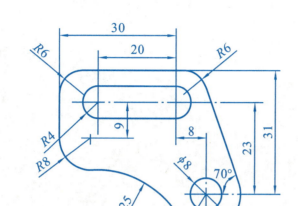

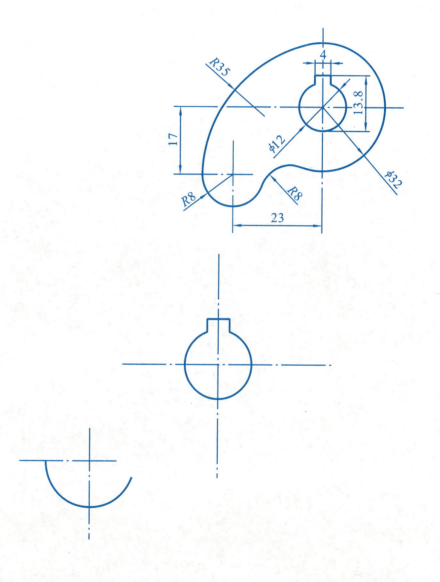

专业班级　　　姓名　　　学号

1-10 椭圆的画法

(1) 用四心圆法画椭圆，已知长轴为 70 mm，短轴为 50 mm。

(2) 用同心圆法画椭圆，已知长轴为 70 mm，短轴为 50 mm。

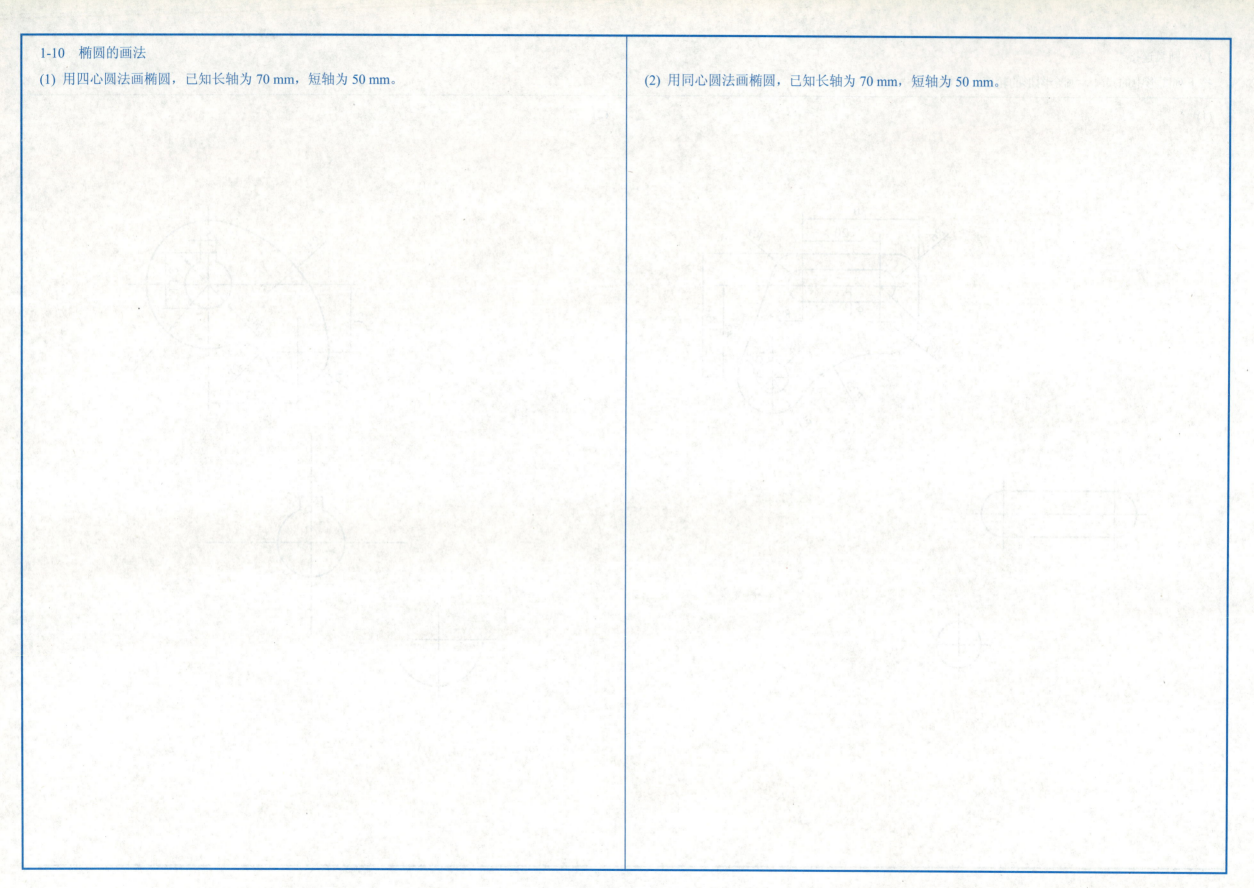

1-11 平面图形一

在图纸上按比例 1:1 画出下列图形，并标注尺寸。

(1)

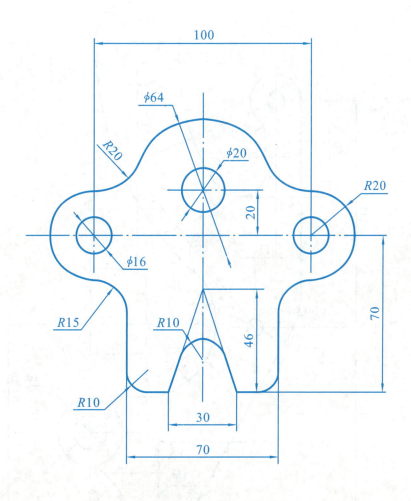

(2)

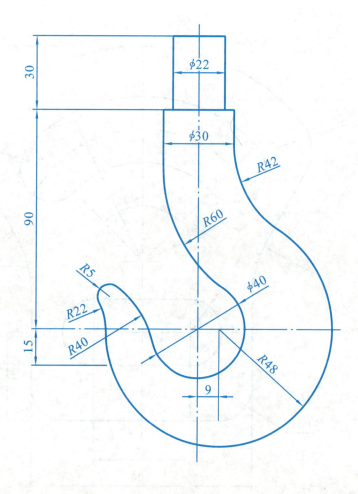

1-12 平面图形二

在图纸上按比例 1:1 画出下列图形，并标注尺寸。

(1)

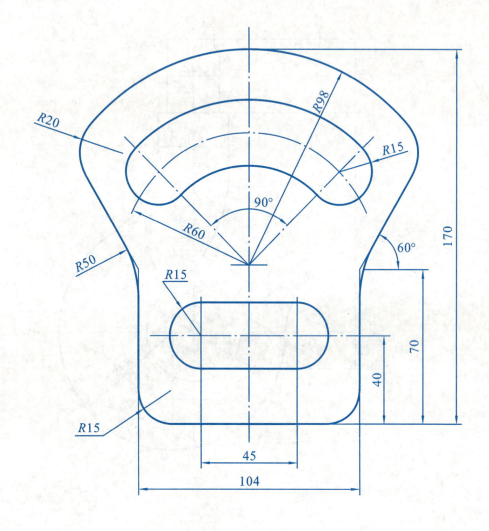

(2)

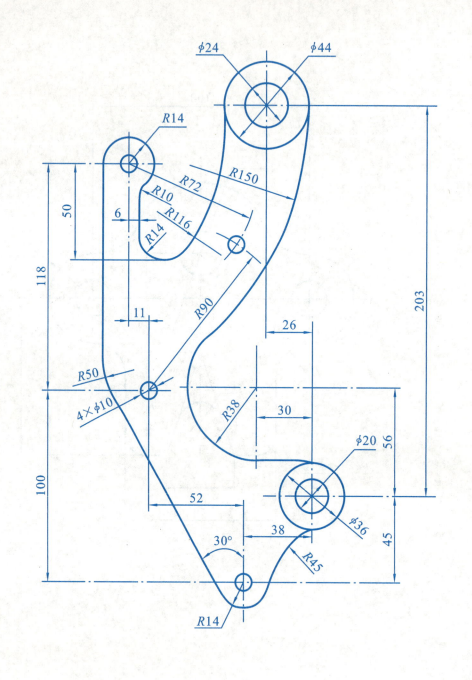

专业班级　　　姓名　　　学号

# 第 2 章  正投影的基本原理

2-1  分析三视图的形成过程，并填空说明三视图之间的关系。

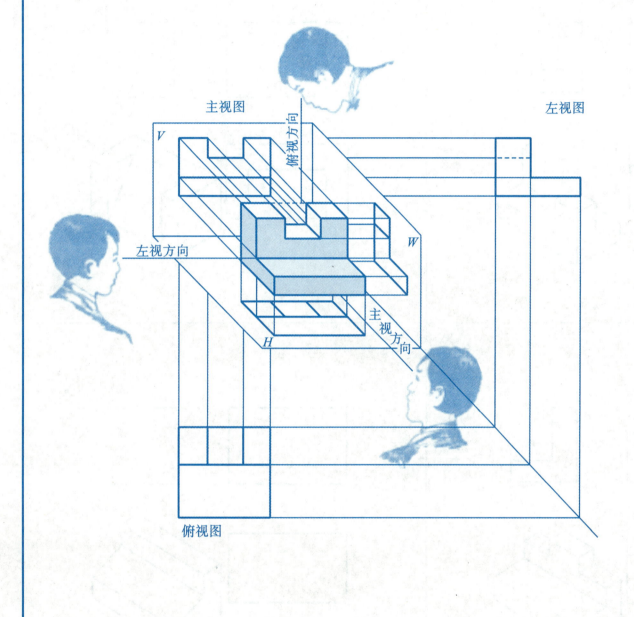

**投射方向与视图名称的关系**

由_____向_____投射所得的视图，称为_____；

由_____向_____投射所得的视图，称为_____；

由_____向_____投射所得的视图，称为_____。

**视图间的三等关系**

主、俯视图_____；

主、左视图_____；

俯、左视图_____。

**视图与物体间的方位关系**

主视图反映物体的_____和_____；

俯视图反映物体的_____和_____；

左视图反映物体的_____和_____。

俯、左视图，远离主视图的一侧，表示物体的_____面；靠近主视图的一侧，表示物体的_____面。

2-2 根据立体图，补画视图中所缺的图线。

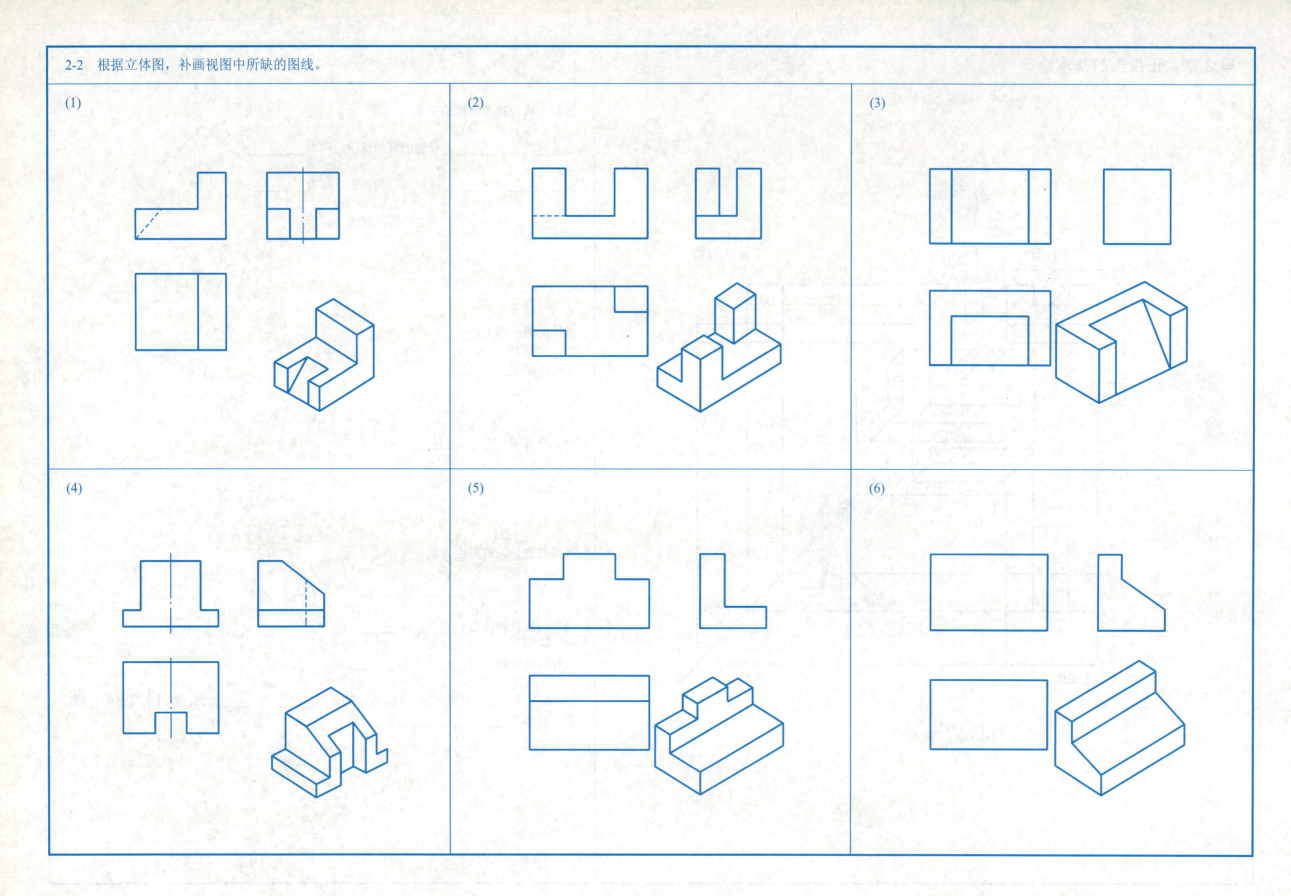

2-3 根据轴测图辨认其相应的两视图，并补画出所缺的第三个视图。

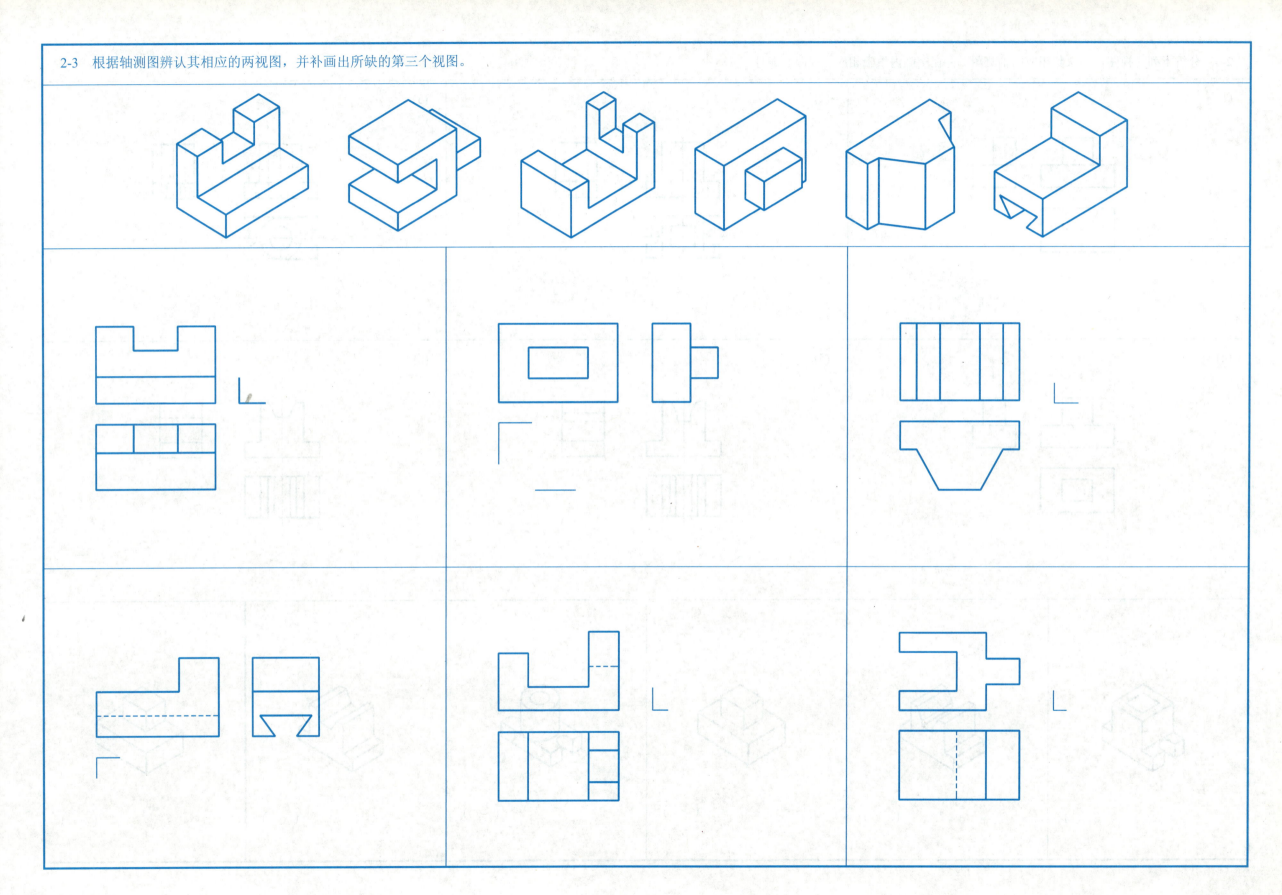

专业班级　　　　　姓名　　　　　学号

2-4 分析下列三视图，辨认其相应的轴测图，并在空圈内填上相应三视图的编号。

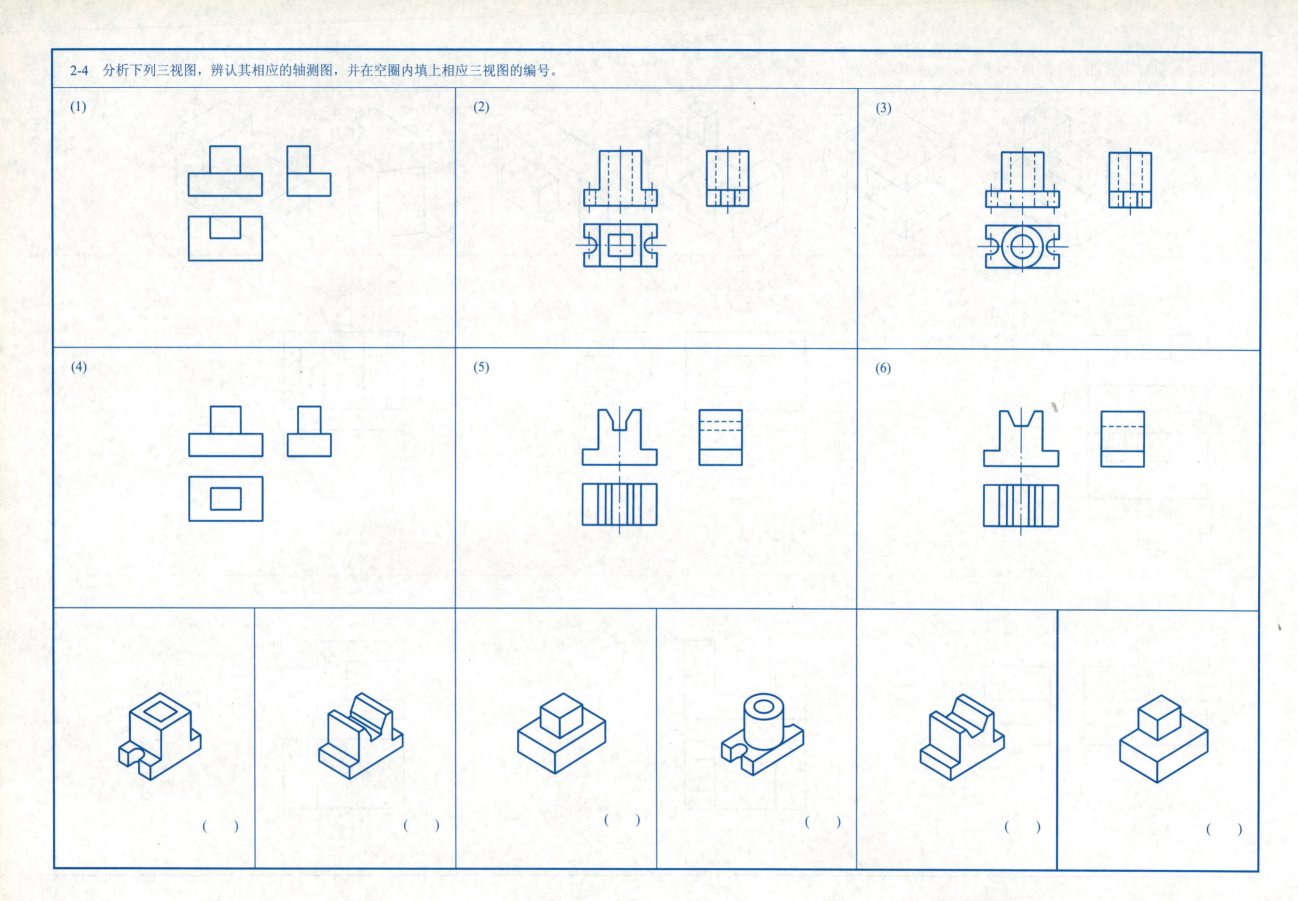

2-5 三视图作业

作业　三视图

1. 内容

根据模型(或轴测图)画三视图。

2. 目的

(1) 初步掌握根据模型画三视图的方法。

(2) 掌握三视图之间的对应关系。

(3) 进一步掌握制图工具和用品的使用方法。

3. 要求

(1) 用 A3 图纸，横放，图纸上画六个模型的三视图。

(2) 画出投影轴和全部投影连线。

(3) 绘图比例自定。

4. 作图步骤

(1) 先用细实线将图纸的有效作图面积均匀分成六格。布图时，三视图之间的距离应适当，六组三视图的总体布局也应协调、匀称。

(2) 主视图的选择，应能明显地表现模型的形状特征。一般常以模型的最大尺寸作为长度方向的尺寸。在决定主视图投射方向时，还应考虑到各个视图中的虚线越少越好。

(3) 作图时，首先画出投影轴，其次画外形轮廓线，再按顺序画内部轮廓线，画底稿。

(4) 底稿完成后，经检查、修正，再按线型的规格描深。

5. 注意事项

(1) 三视图应按规定的位置配置，且符合"长对正、高平齐、宽相等"的关系。

(2) 度量模型尺寸所得的小数，画图时要化为整数。

(3) 应注意虚线与其他线相交处的画法。

6. 图例

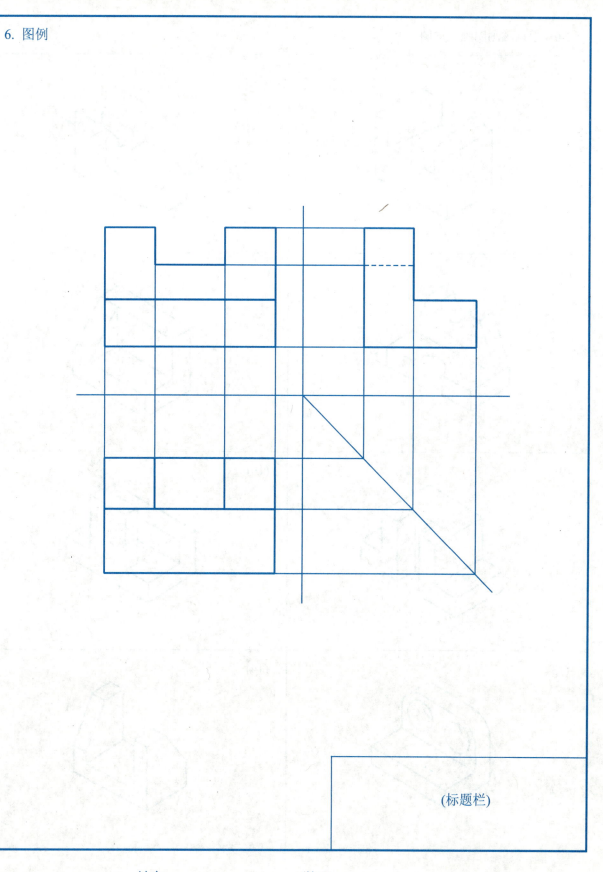

(标题栏)

专业班级　　　姓名　　　学号

2-7 点的投影一

1. 完成点 A 的轴测图(1)；根据(1)作出点 A 的三面投影图(2)；再根据(2)求作点 A 的轴测图(3)(X、Y 值均增大一倍，Z 值不变)，注全所有符号，并写出点 A 的坐标。

(1)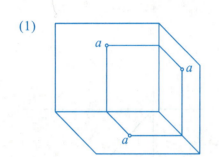

(2)

(3)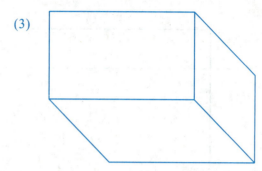

2. 填空。

从上题图(1)中看出：点的空间位置可由点的投影到投影轴的距离来表示，也可以用直角坐标来表示。即：

点 A 到 H 面的距离 $Aa$ $\begin{cases} =点的\underline{\quad}面投影到\underline{\quad}轴的距离； \\ =点的\underline{\quad}面投影到\underline{\quad}轴的距离； \\ =点的\underline{\quad}坐标。 \end{cases}$

点 A 到 V 面的距离 $Aa'$ $\begin{cases} =点的\underline{\quad}面投影到\underline{\quad}轴的距离； \\ =点的\underline{\quad}面投影到\underline{\quad}轴的距离； \\ =点的\underline{\quad}坐标。 \end{cases}$

点 A 到 W 面的距离 $Aa''$ $\begin{cases} =点的\underline{\quad}面投影到\underline{\quad}轴的距离； \\ =点的\underline{\quad}面投影到\underline{\quad}轴的距离； \\ =点的\underline{\quad}坐标。 \end{cases}$

3. 已知点 A、点 B 的两面投影，求其第三面投影。

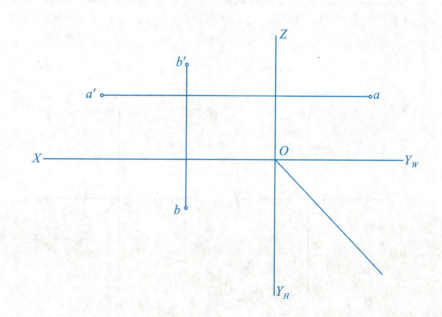

专业班级　　　　姓名　　　　学号

2-8　点的投影二

(1) 已知点 E 的三面投影，试画出 OZ 轴和 OY 轴。然后再求作点 F(12、15、20)的三面投影。(单位：mm)

(2) 已知点 B 距 H 面 25 mm、距 V 面 15 mm、距 W 面 30 mm，试作出点 B 的三面投影图。

(3) 已知点 A、点 B 的一面投影，又知点 A 距 H 面为 20，点 B 在 V 面上，求作点 A、点 B 的另两面投影。

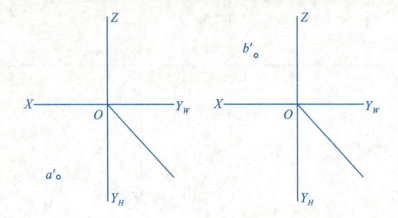

(4) 已知点 E 在 W 面上，点 F 在 H 面上，在轴测图上标出 ee'e″及 ff'f″。根据给出的二面投影，求 e 及 f，并写出两点的坐标。

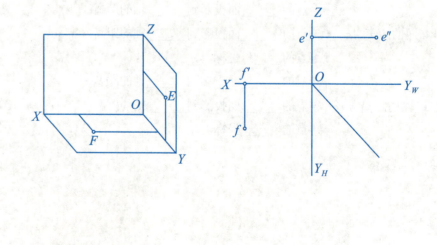

E(　　)　F(　　)

专业班级　　姓名　　学号

2-9 点的投影三

(1) 根据 A、B、C 三点的轴测图，作出它们的投影图(从轴测图上取整数作图)。

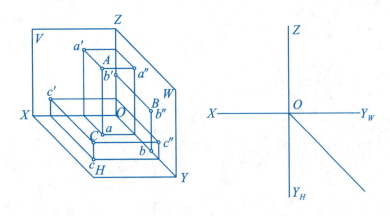

(2) 作出 A、B 两点的三面投影：点 A(18，15，20)；点 B 在点 A 之左 12 mm，点 A 之前 15 mm，点 A 之上 10 mm。

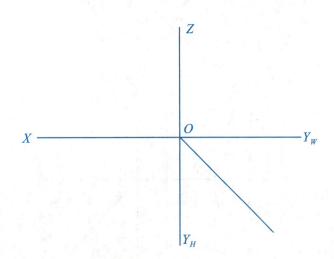

(3) 作出下列各点的三面投影。已知点 A(16，12，0)、点 B(0，18，25)、点 C(20，0，0)。

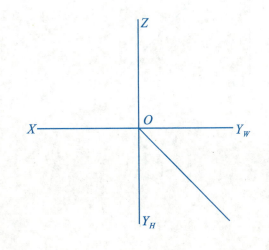

A 点在_____面上，
　它的_____坐标值等于零。
B 点在_____面上，
　它的_____坐标值等于零。
C 点在_____轴上，
　它的_____和_____坐标值均等于零。

(4) 已知 A、B、C 三点的两面投影，作出其第三面投影。

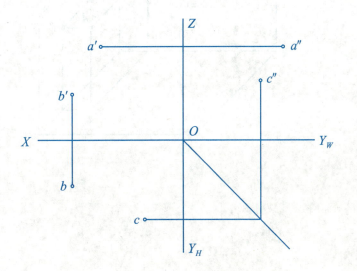

专业班级　　　姓名　　　学号

2-10 点的投影四

(1) 已知点 A 的轴测图和投影图，以及点 B 的坐标(35，14，6)，试完成直线 AB 的轴测图和投影图。(单位：mm)

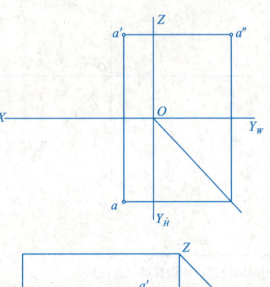

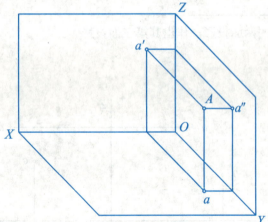

(2) 已知四个点的坐标：$S(25、15、40)$，$A(45、10、0)$，$B(30、30、0)$，$C(5、0、0)$，画出它们的投影图；然后将它们的同面投影用直线段连接起来，看看它表示的是什么物体？(单位：mm)

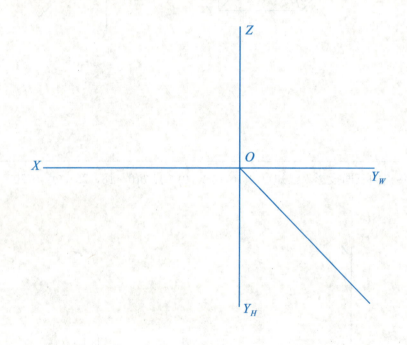

答：该物体是_____

专业班级　　　　姓名　　　　学号

2-11 直线的投影一

(1) 作出直线 AB，CD 的三面投影，已知条件：端点 A(28，8，5)，B(6，18，20)；CD 的两面投影。

(2) 作出直线 EF，GH 的三面投影，已知条件：点 F 距 H 面为 25 mm；点 G 距 V 面为 5 mm。

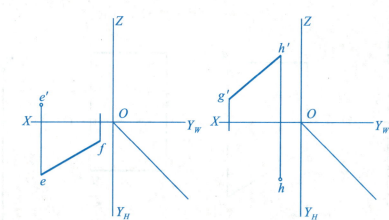

(3) 求作正平线 CD 的三面投影，已知 CD 长 25 mm，与 H 面的倾角为 30°。

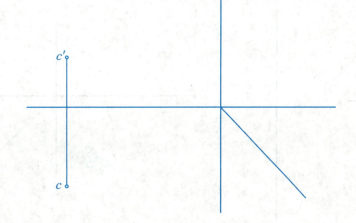

(4) 作水平线 AB，实长 15 mm，与 V 面成 30°。

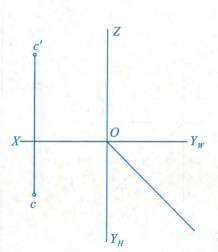

专业班级　　　　　姓名　　　　　学号

2-12 直线的投影二

1. 判别下列直线属于六种特殊位置直线中的哪一种?

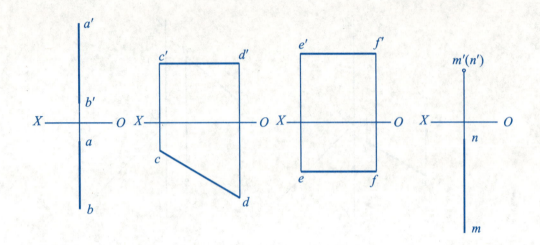

AB 是_____线,CD 是_____线,EF 是_____线,MN 是_____线。

2. 在正六棱柱的俯视图中,补画棱线 AB、CD 的投影,并将其三面投影涂色。

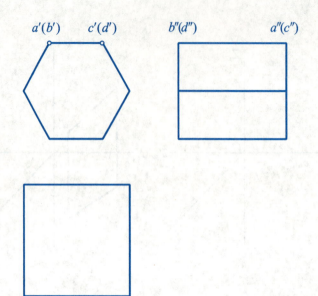

AB、CD 是_____线,该线在 V 面投影成_____,H、W 面投影反映_____。

3. 根据已知条件,徒手画出直线的三面投影,并说明直线的相对位置。

(1) 直线 AB 的 H、W 面投影分别平行于 X、Z 轴,V 面投影反映实长。

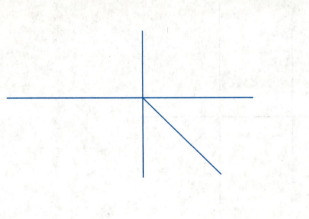

直线 AB 是_____线。

(2) 直线 CD 在 W 面是一个点,在 H、V 面都反映实长。

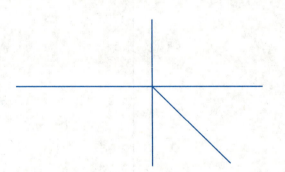

直线 CD 是_____线。

(3) 直线 EF 的 V、H、W 面投影与投影轴都倾斜,且点 F 在原点 O 上。

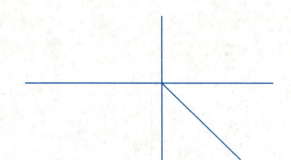

直线 EF 是_____线。

专业班级　　　姓名　　　学号

2-13 直线的投影三

1. 判别 AB 和 CD 两直线的相对位置(平行、相交、交叉)。

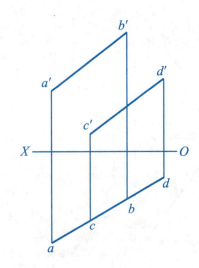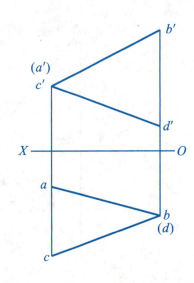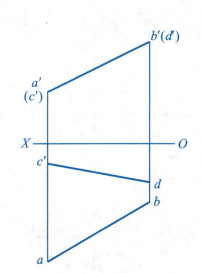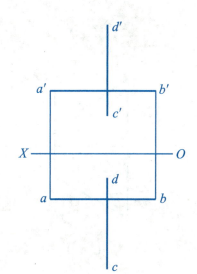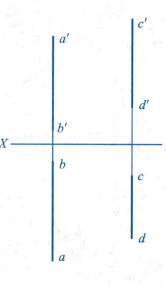

2. 过点 A 作直线 AM 与直线 BC 平行。

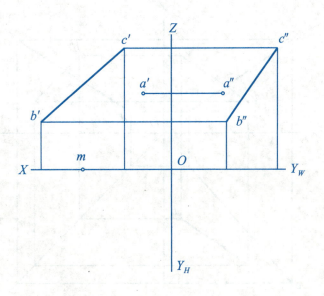

3. 在直线 AB 上求一点 E，使 AE:EB=2:1。

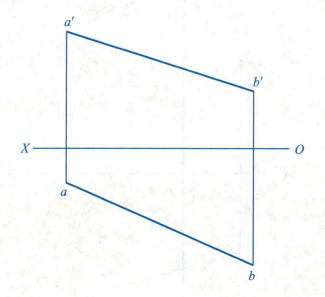

2-14 直线的投影四

1. 判断下列两直线是否垂直相交。

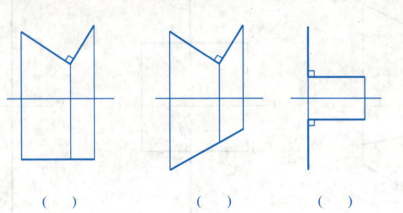

( )　　　( )　　　( )　　　( )

2. 作一正平线 EF 距离 V 面 15 mm，并与已知直线 AB 和直线 CD 相交。

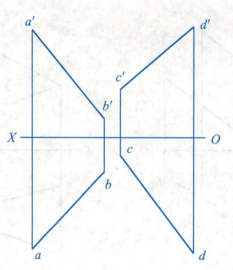

3. 已知直线 AB 与直线 CD 相交，求作 $a'b'$。

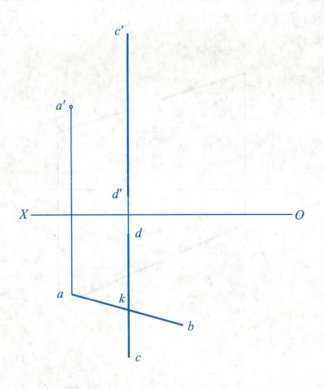

4. 注出 AB 和 CD 交叉两直线重影点的投影。

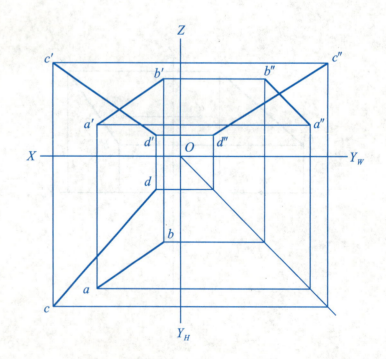

2-15 平面的投影一

1. 判别下列平面是属于投影面倾斜面，还是六种特殊位置平面中的某一种。

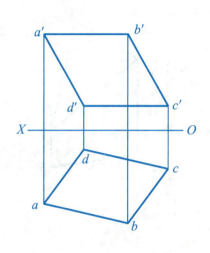 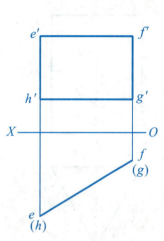 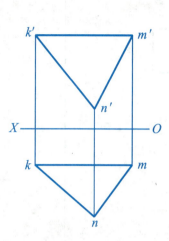 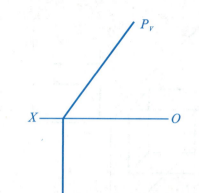 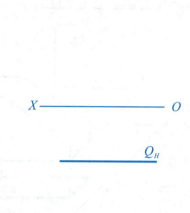

_____面　　　_____面　　　_____面　　　_____面　　　_____面

2. 根据立体图上标出的平面 A、B、C、D，在投影图上分别标出相应的字母(参照平面 A)，并判断这些平面是何种位置平面。

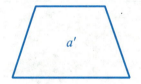

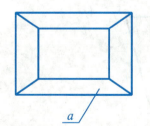 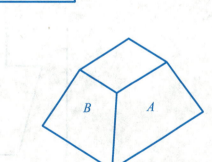

 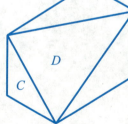

A 是_____面，B 是_____面　　　　　　　　　C 是_____面，D 是_____面

专业班级　　　姓名　　　学号

2-16 平面的投影二

1. 先完成物体投影的直观图，再完成三视图。

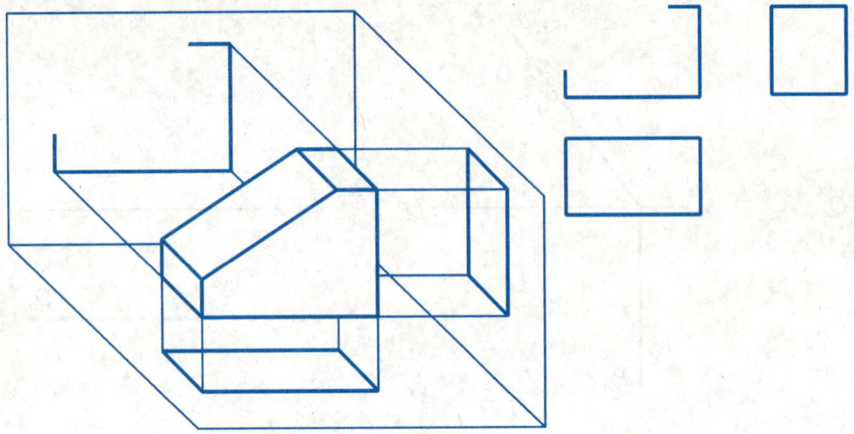

物体上共有：_____个正平面；_____个水平面；
_____个侧平面；_____个正垂面。

2. 根据俯、左视图，完成主视图，并回答问题。

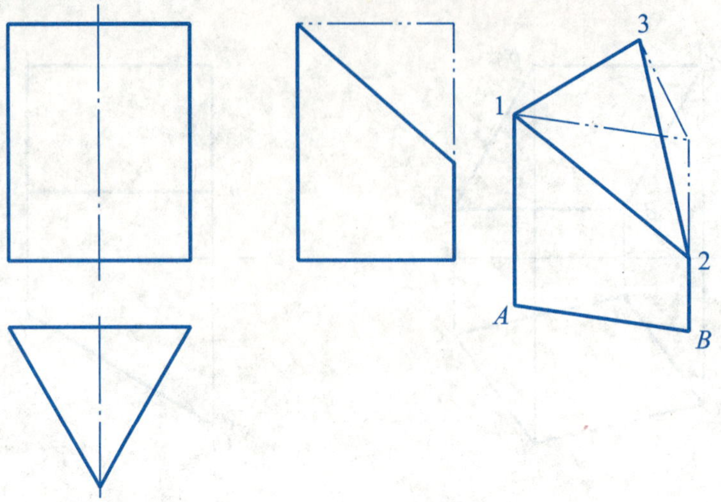

△123 是_____面，△ABC 是_____面，四边形 AB21 是_____面。

3. 求作下列平面的第三面投影，并按投影图中的已知平面作一完整的视图，按厚度为 20 mm，完成该立体的三视图。

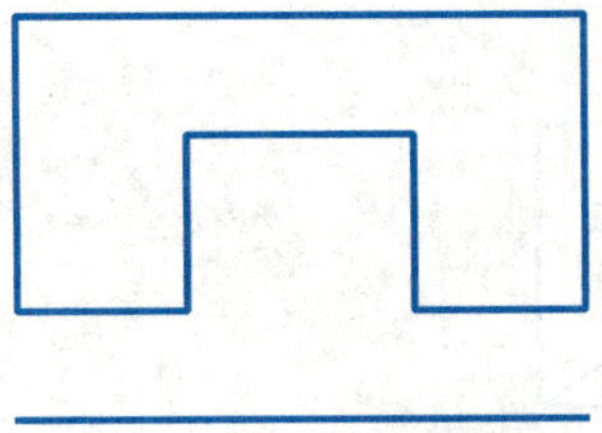

专业班级　　　姓名　　　学号

2-17 平面的投影三

1. 求平面图形的 H 面投影。

2. 求平面图形的 W 面投影。

3. 正四棱柱的左端面为一铅垂面，试完成该棱柱的 V 面投影。

4. 八棱柱的左端面为一正垂面，试完成该棱柱的 H 面投影。

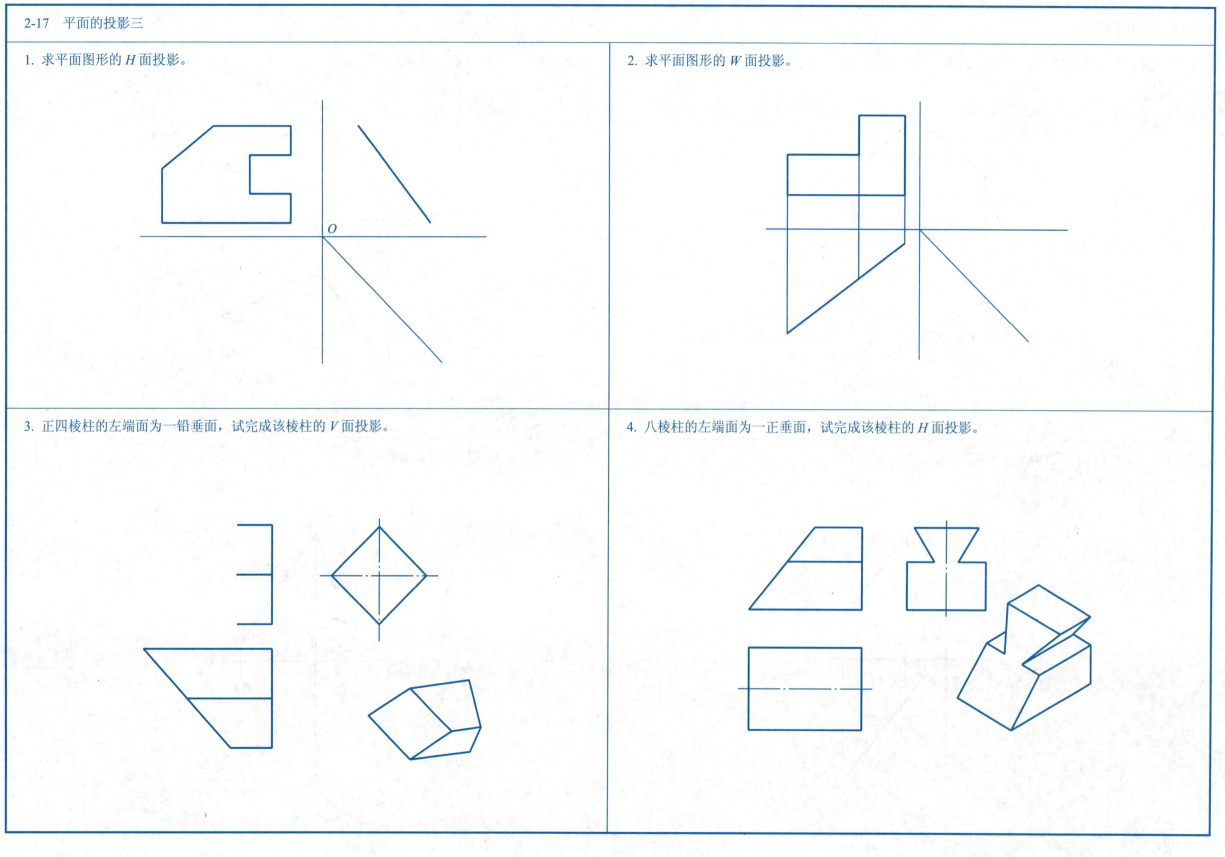

专业班级　　　　姓名　　　　学号

2-18 平面的投影四

1. 已知 AB 为正平线，DE 为水平线，完成五边形 ABCDE 的水平投影。

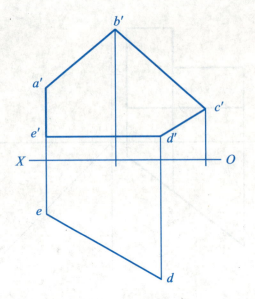

2. 在 △ABC 内作距 H 面为 15 mm 的水平线。

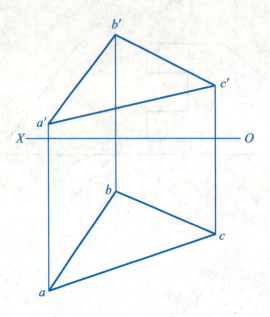

3. 作直线 EF 垂直于平面 ABC，并求其实长。

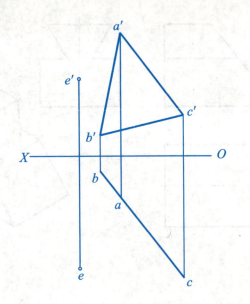

4. 完成四边形 ABCD 的水平投影。

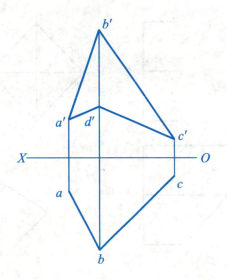

2-19 平面的投影五

1. 求直线 EF 与平面 ABCD 的交点 K，并判断直线的可见性。

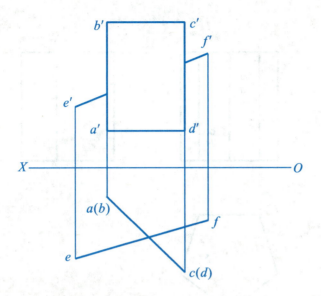

2. 作出 P 平面与 △ABC 的交线，并判别其可见性。

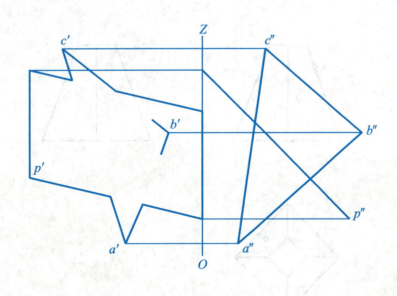

3. 完成带缺口的正四棱锥的 H 面、W 面投影。

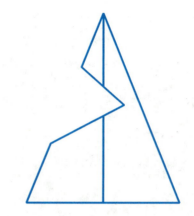 

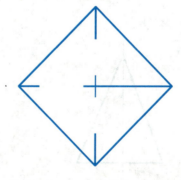 

专业班级　　　姓名　　　学号

# 第 3 章 立体的投影

**3-1** 已知立体表面上点的一个投影,求该点的另外两个投影。

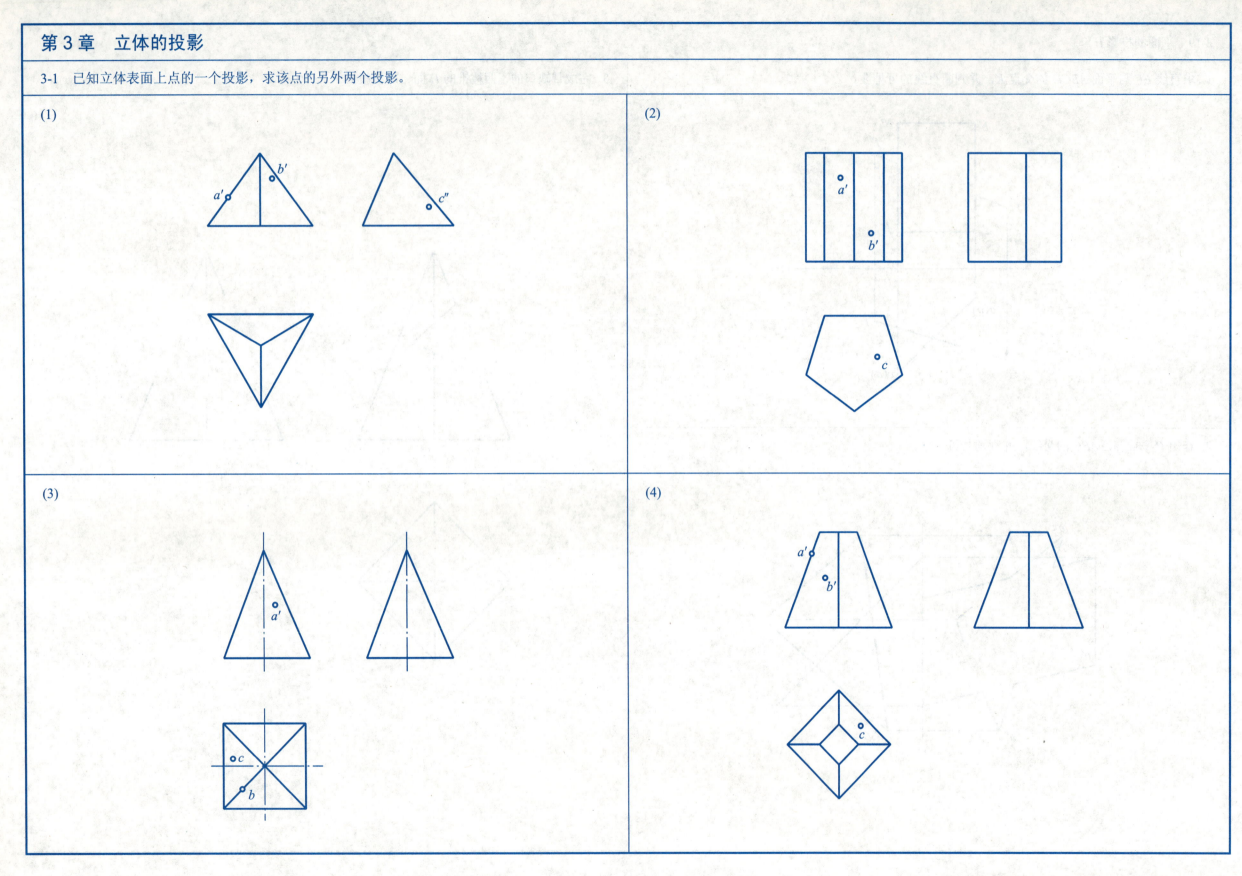

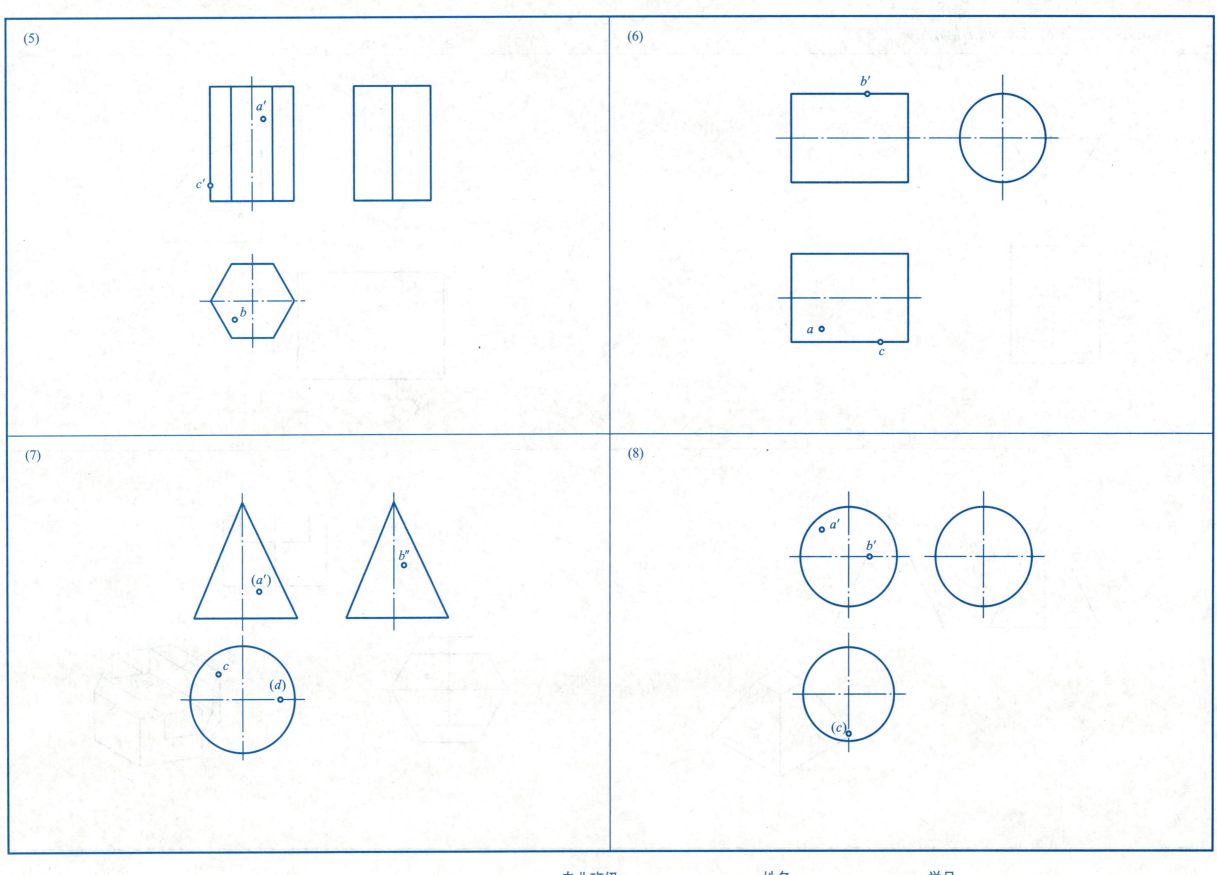

3-2 补画第三视图,求作立体表面上点的另外两个投影。

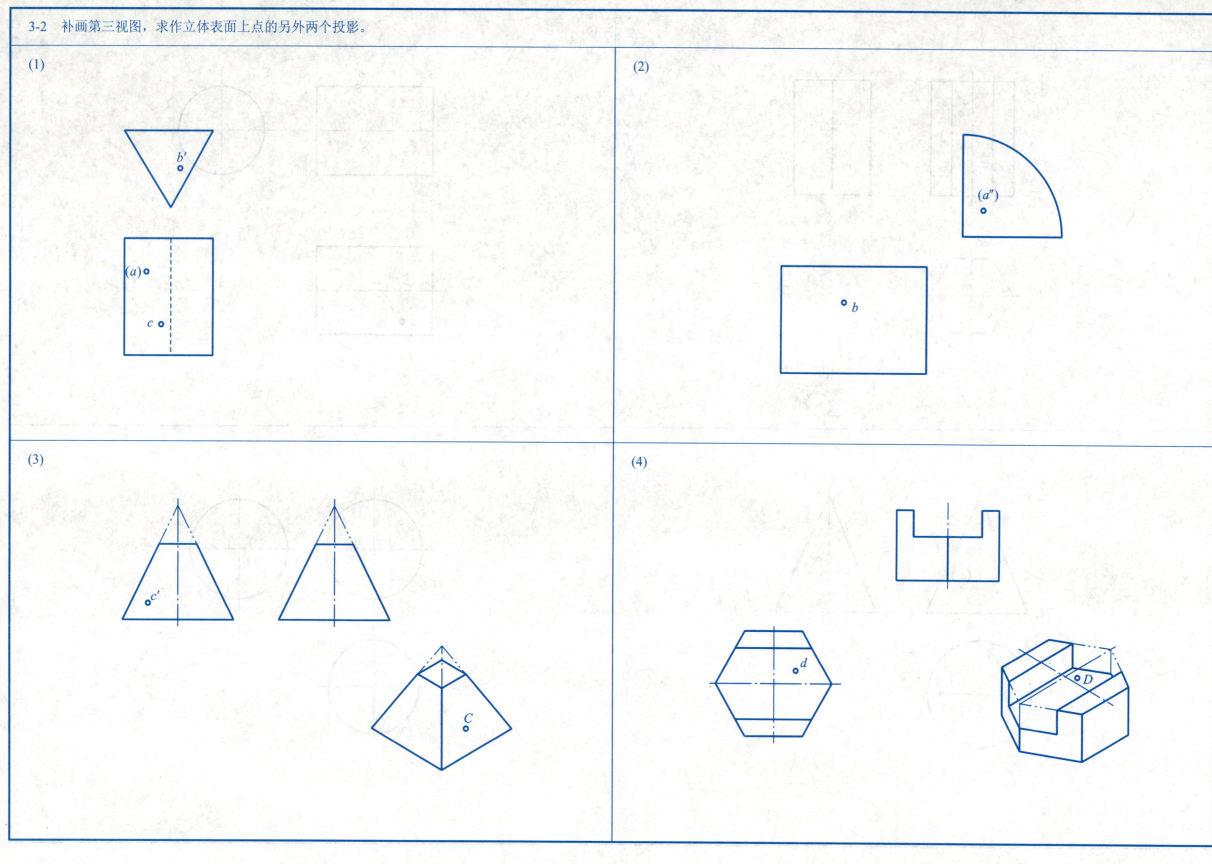

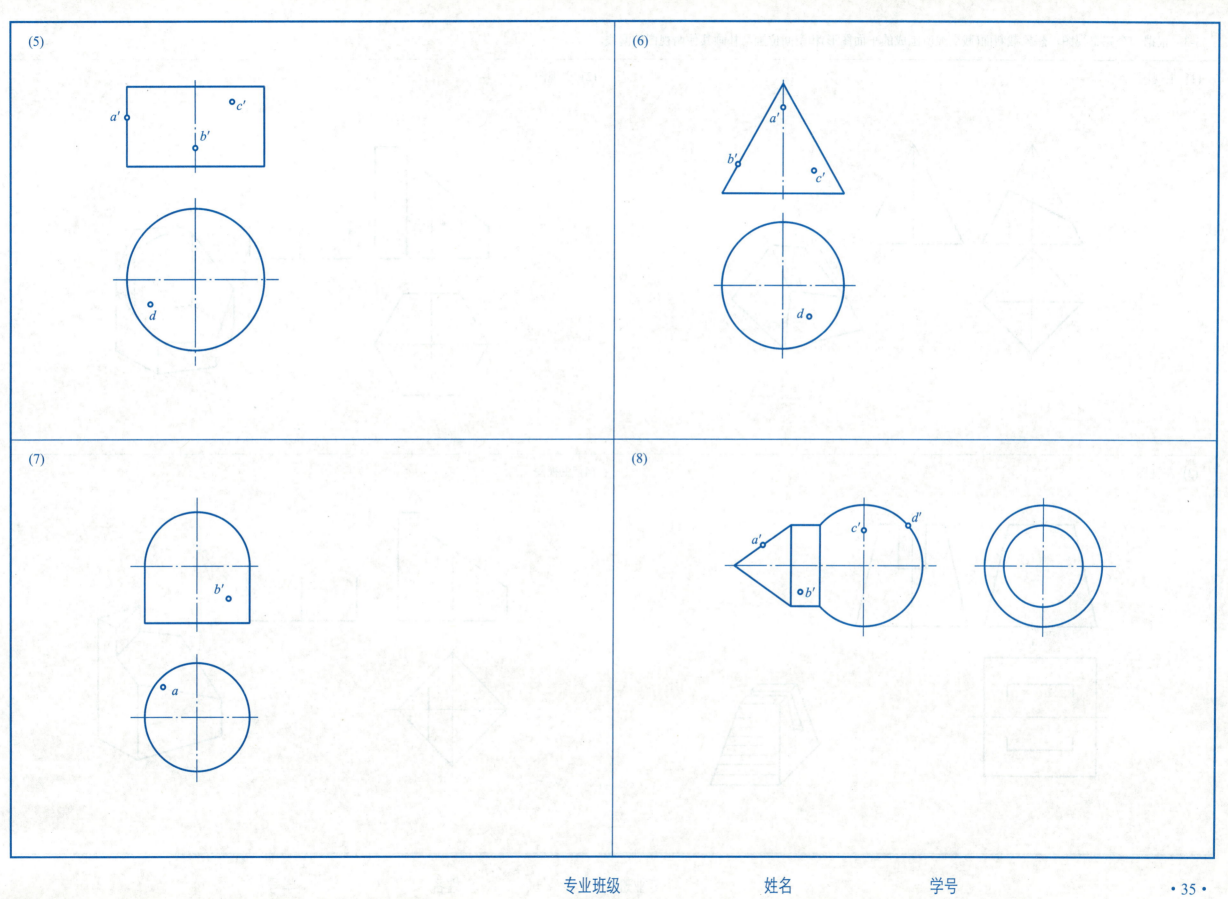

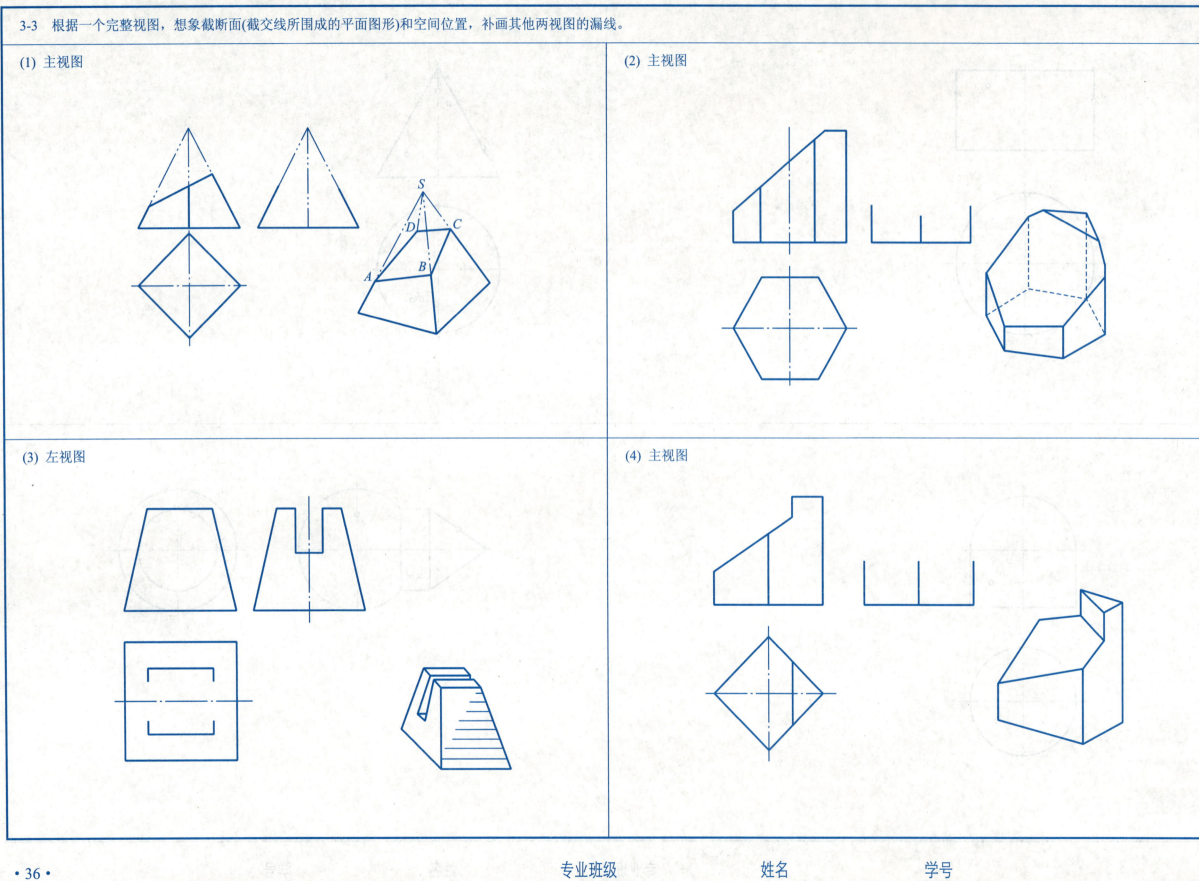

3-4 分析截交线，根据两视图补画第三视图。

(1) (2) (3) (4)

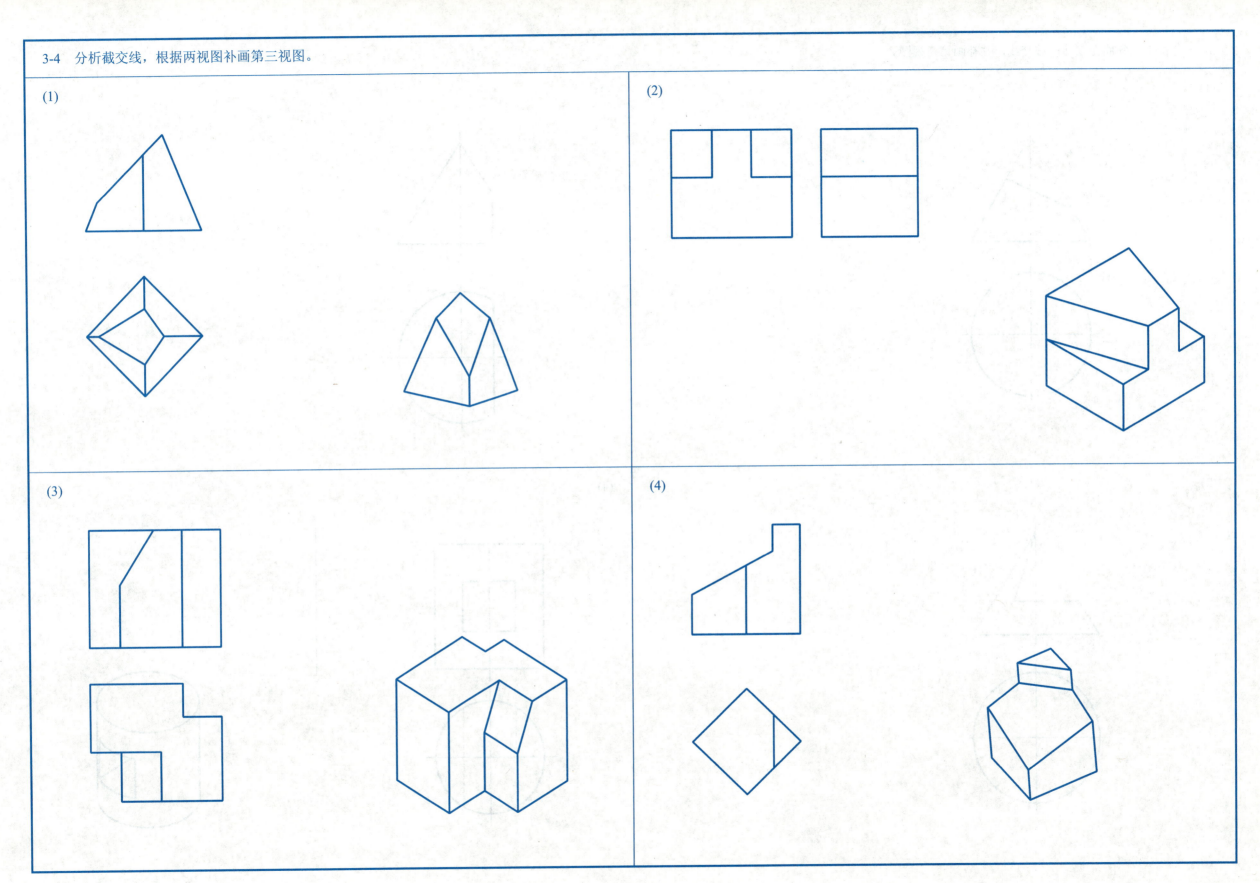

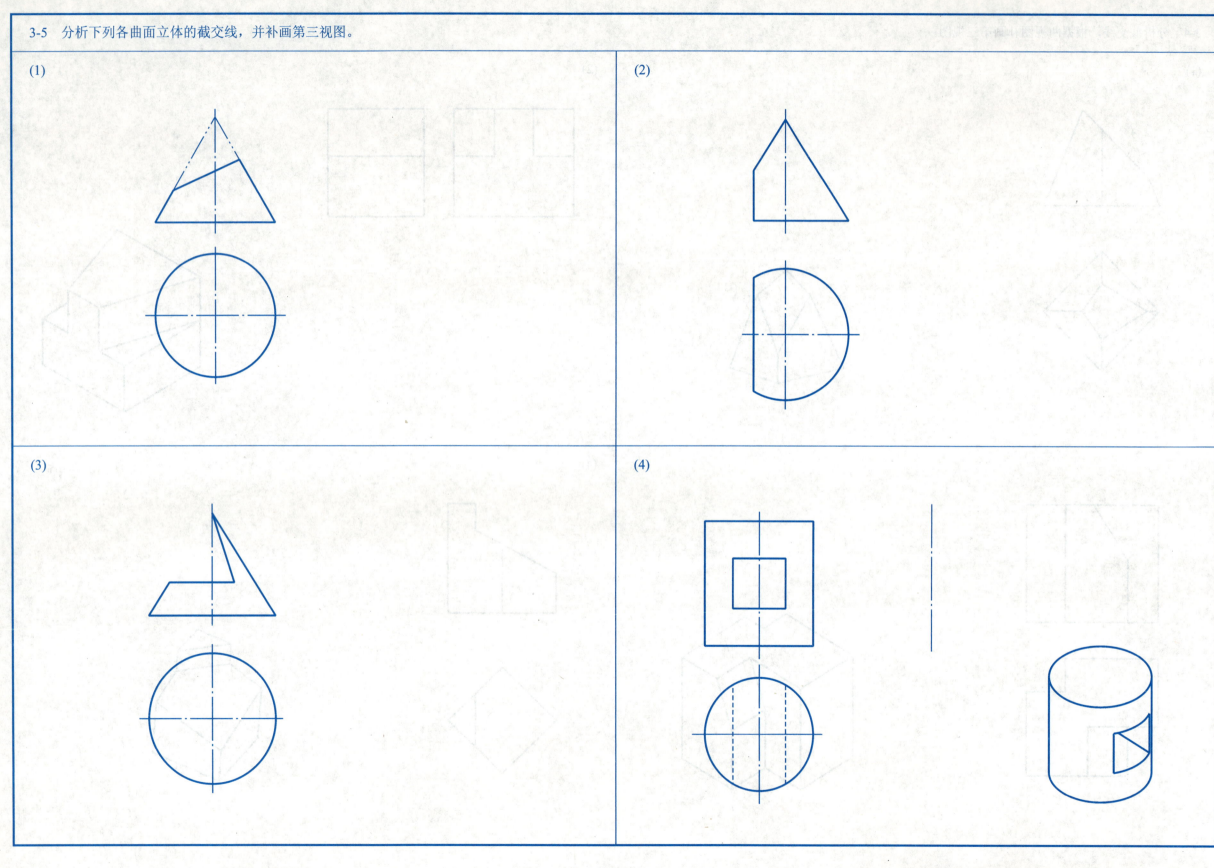

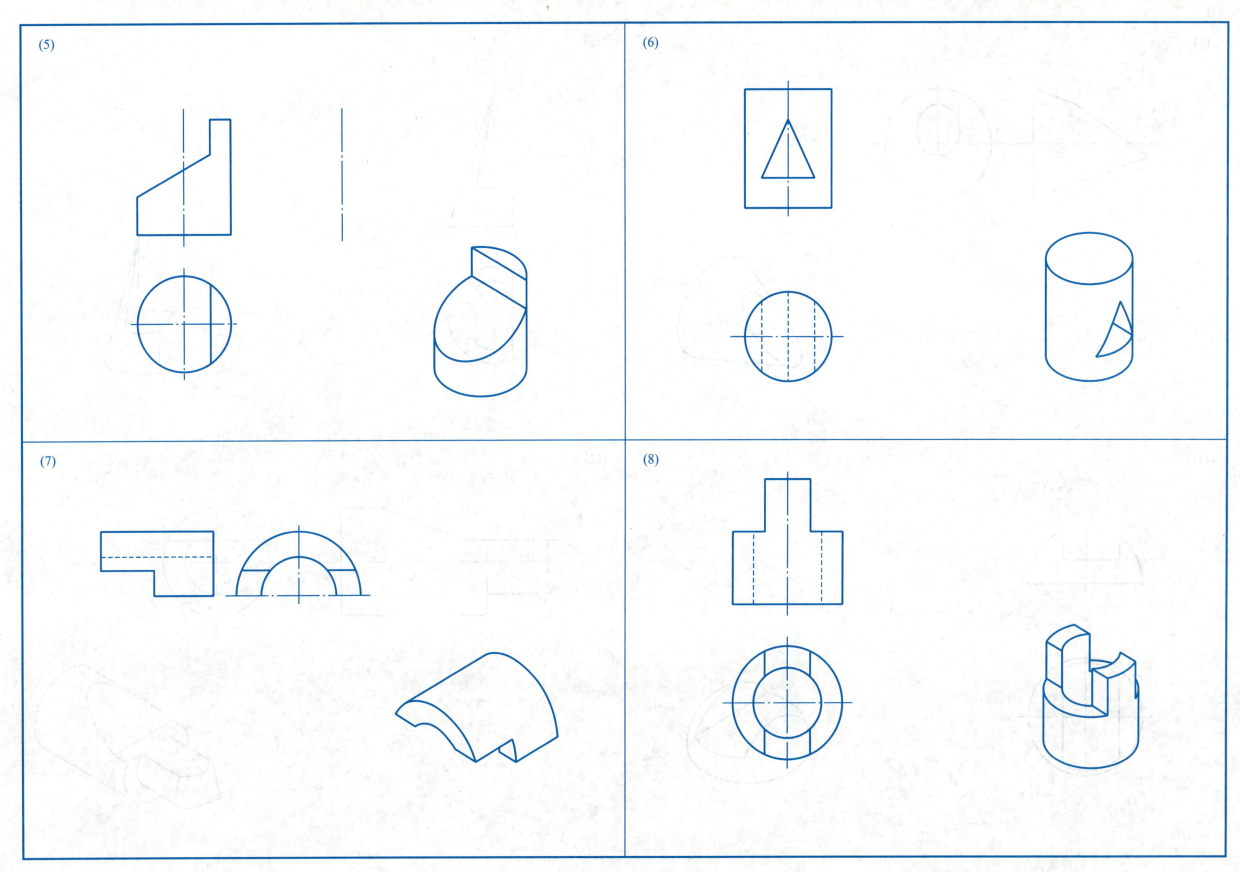

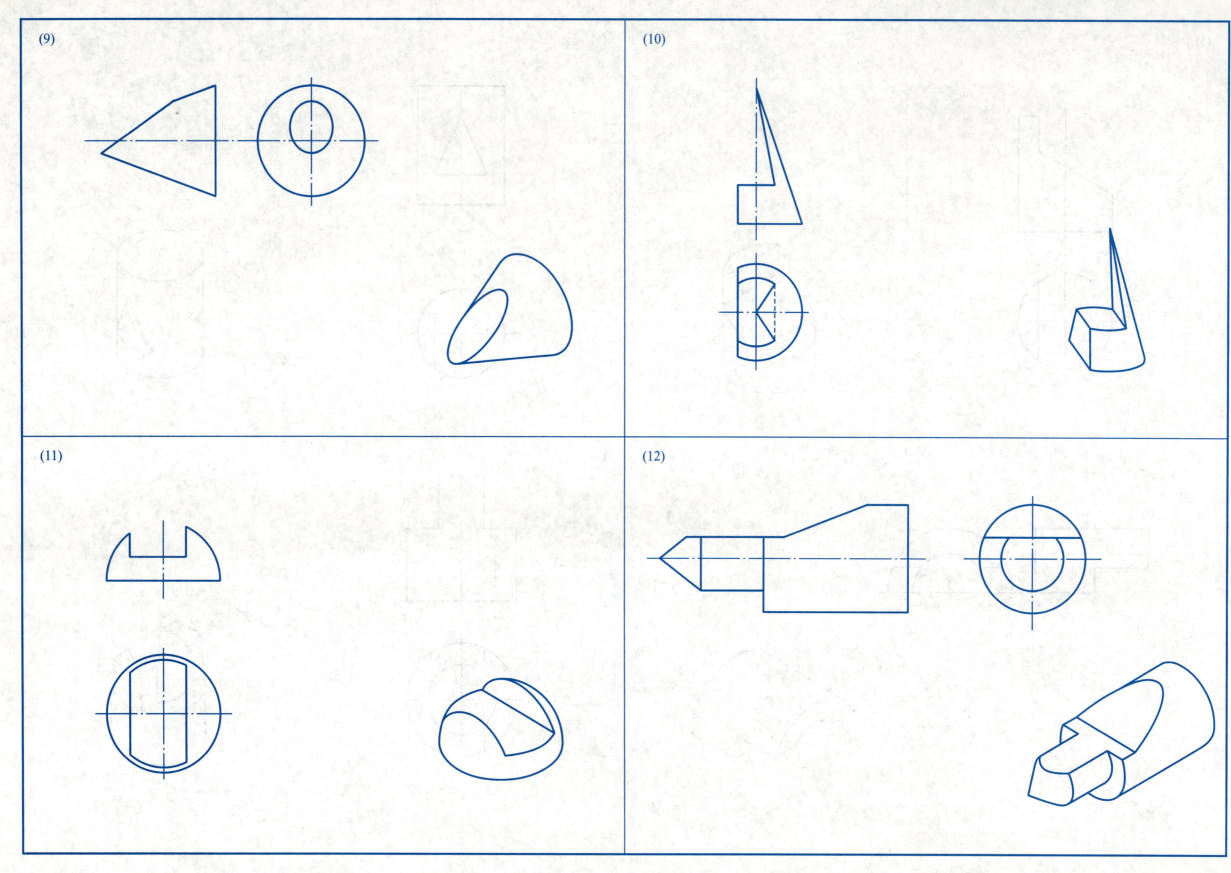

3-6 求作相贯线。

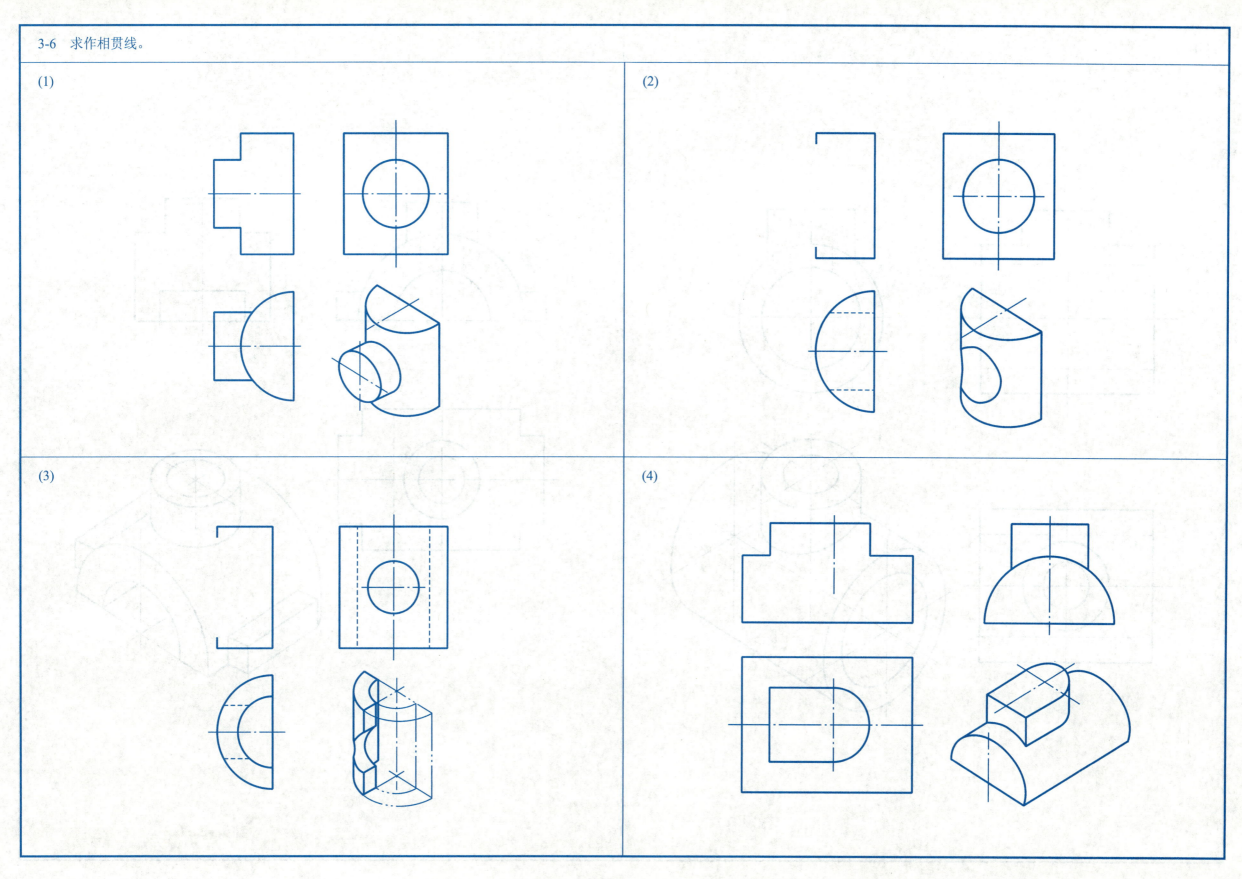

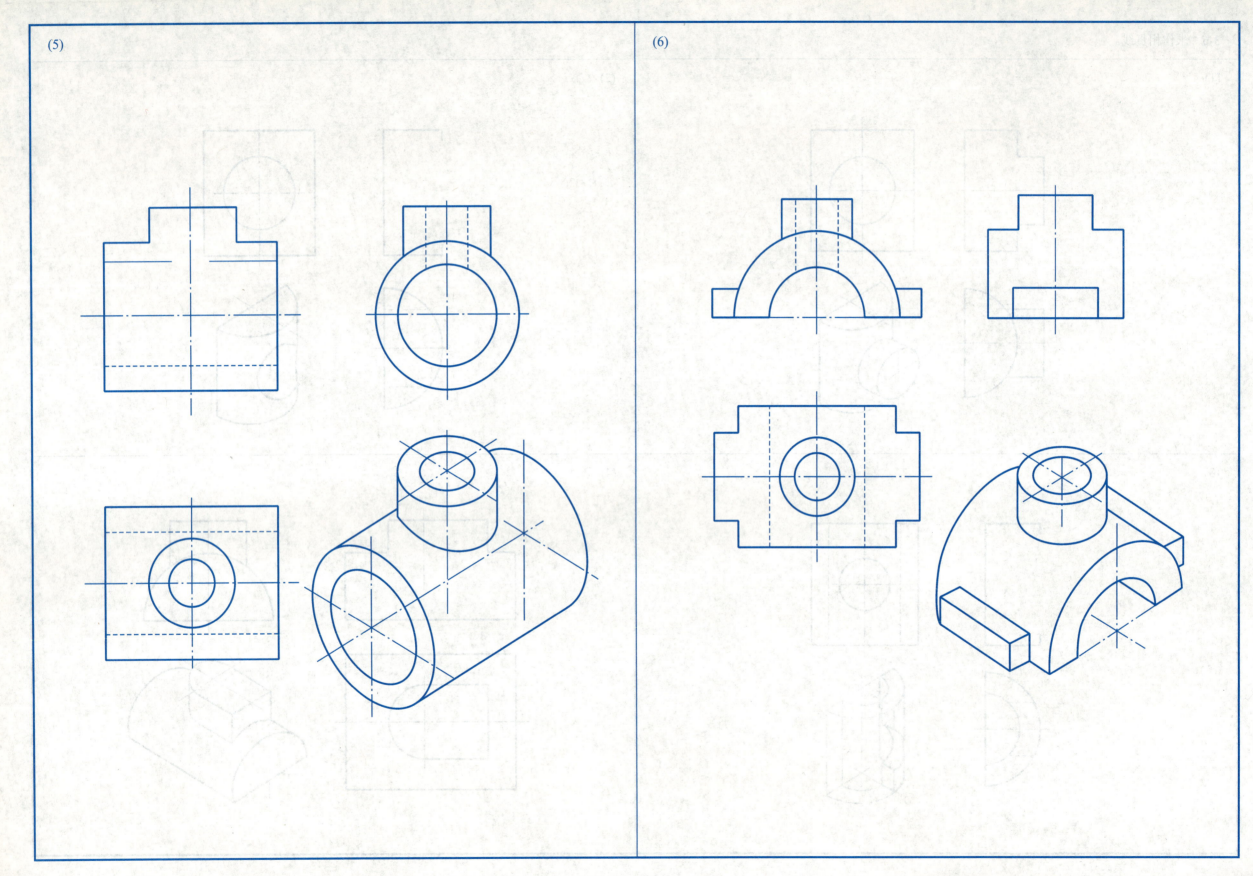

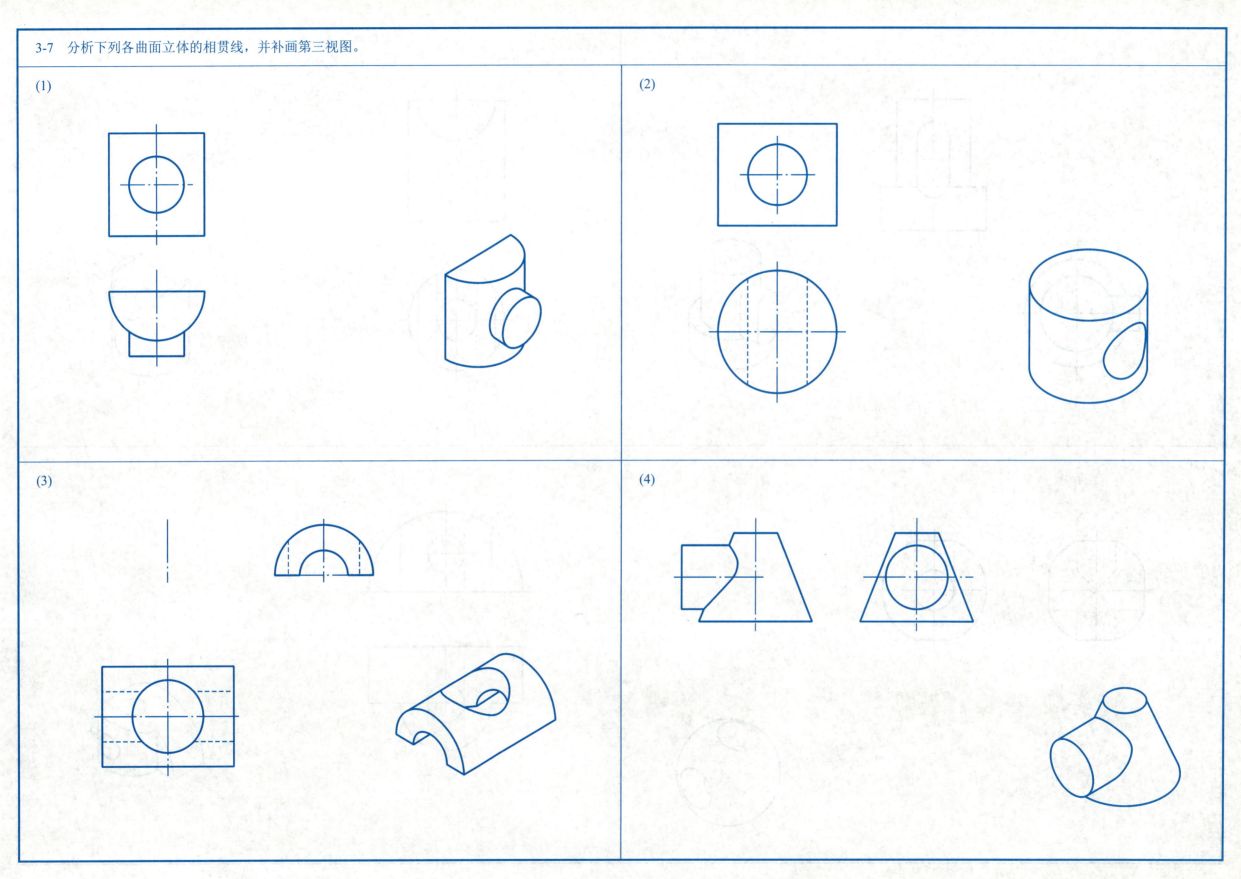

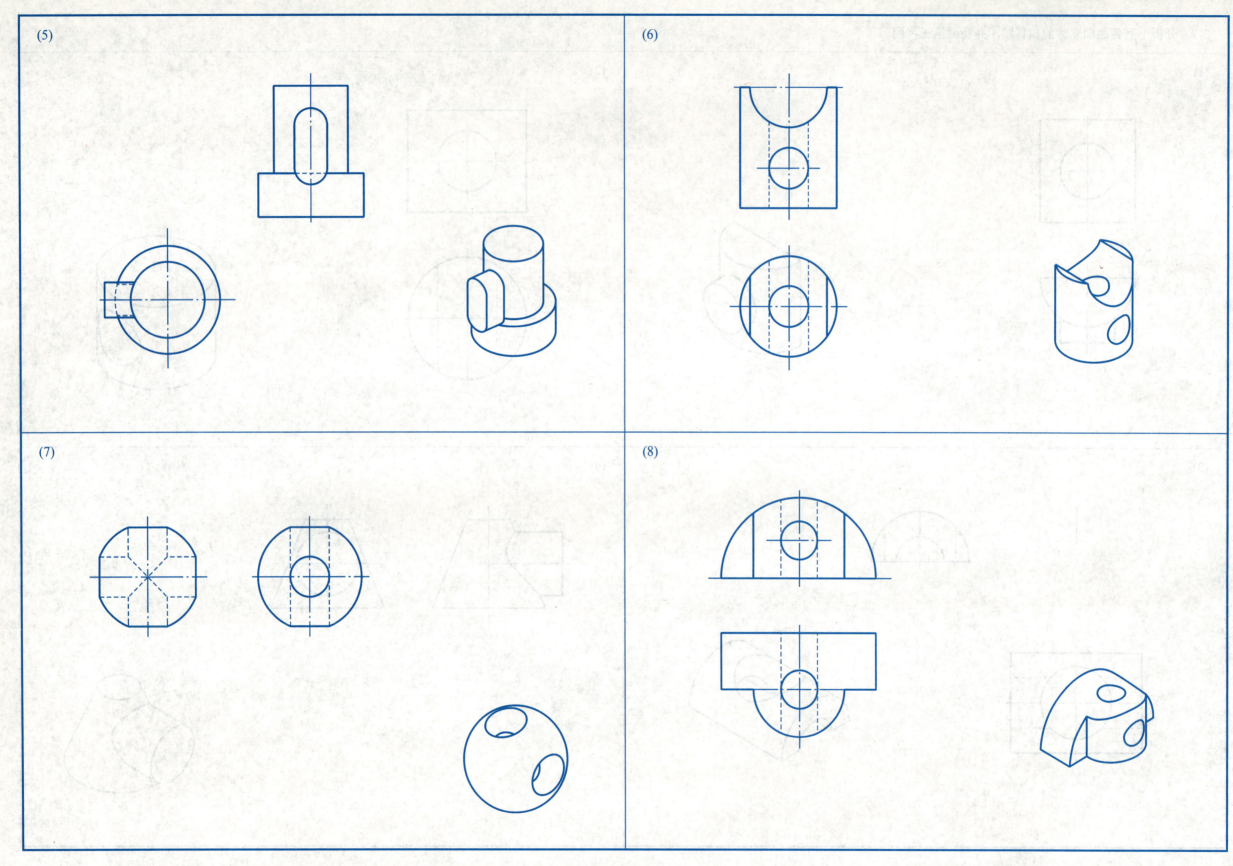

# 第 4 章 组合体的投影

4-1 对照轴测图补画视图中的缺线，更正错误的图线(在画错的图线上打"×")。

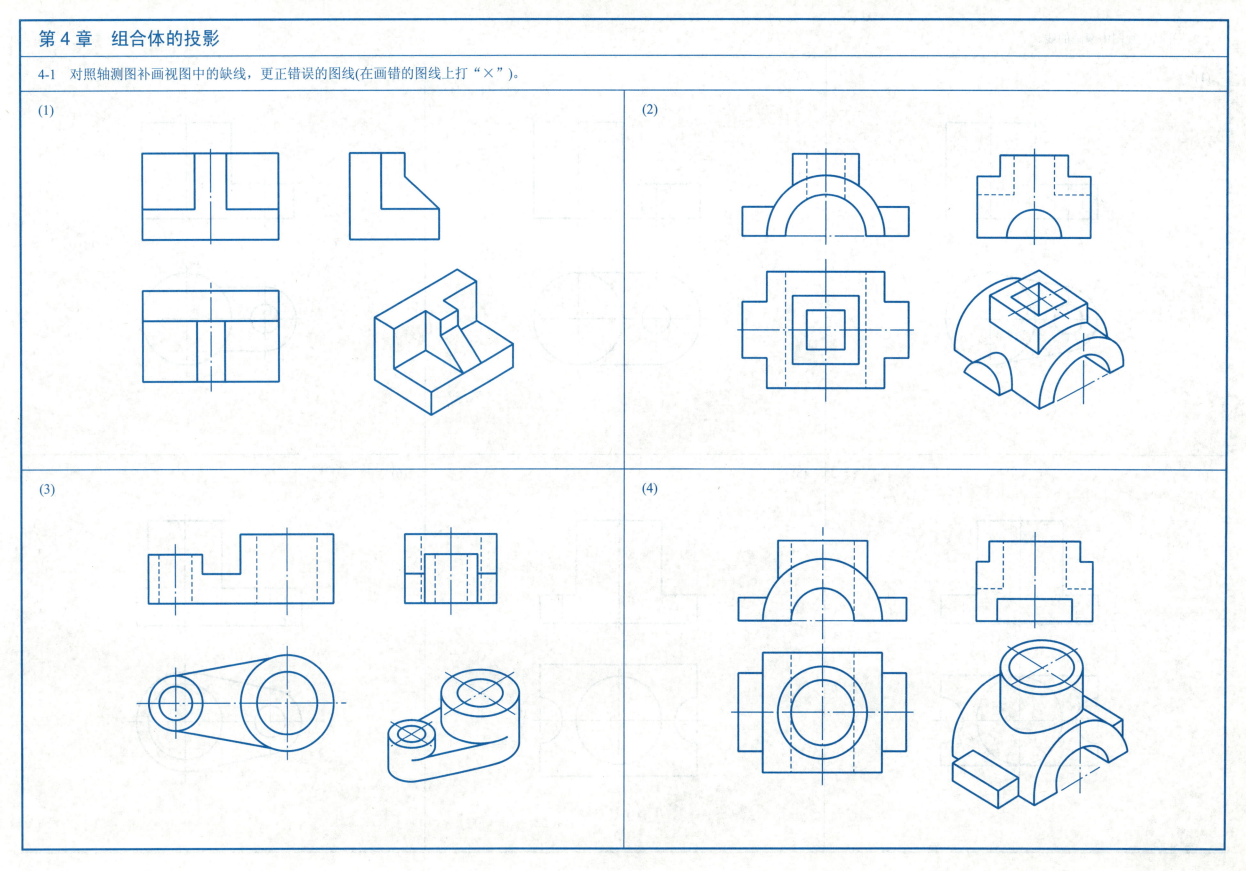

4-2 补画主视图中漏画的线。

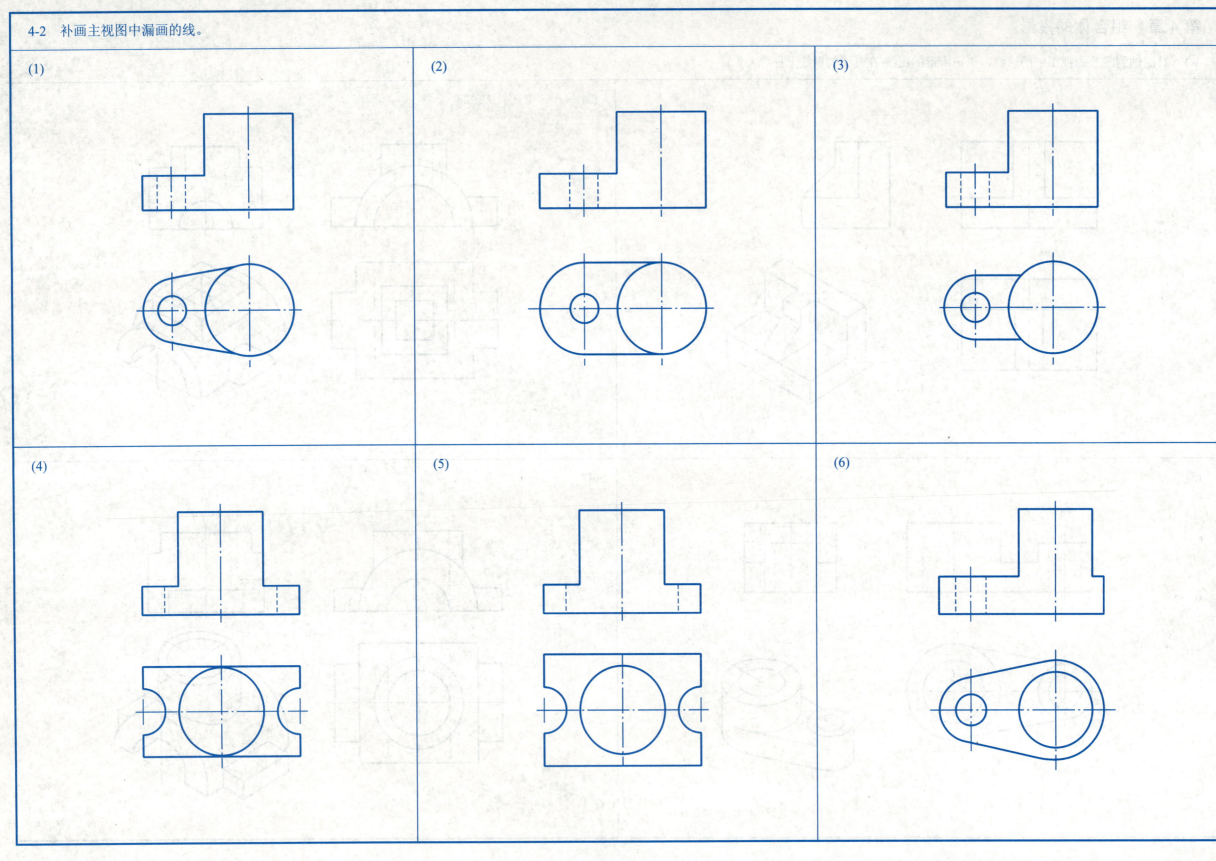

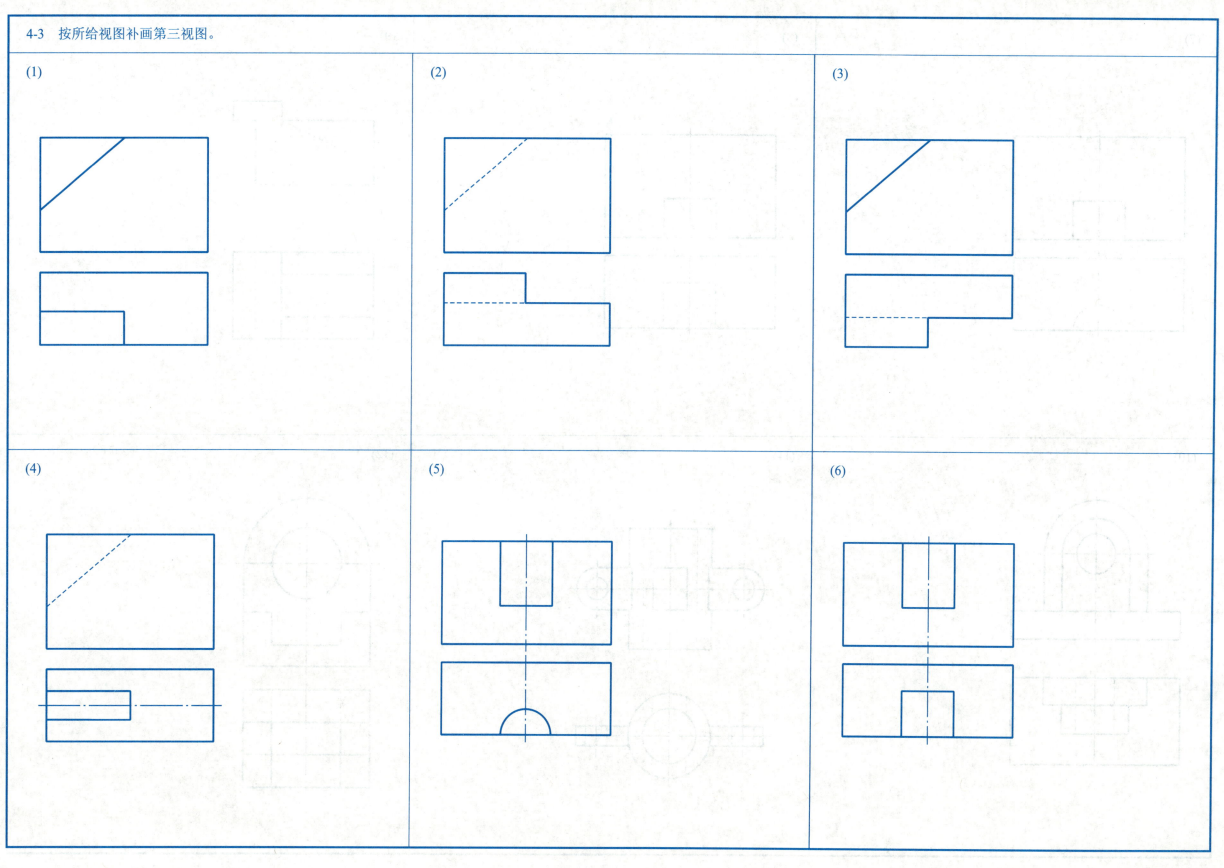

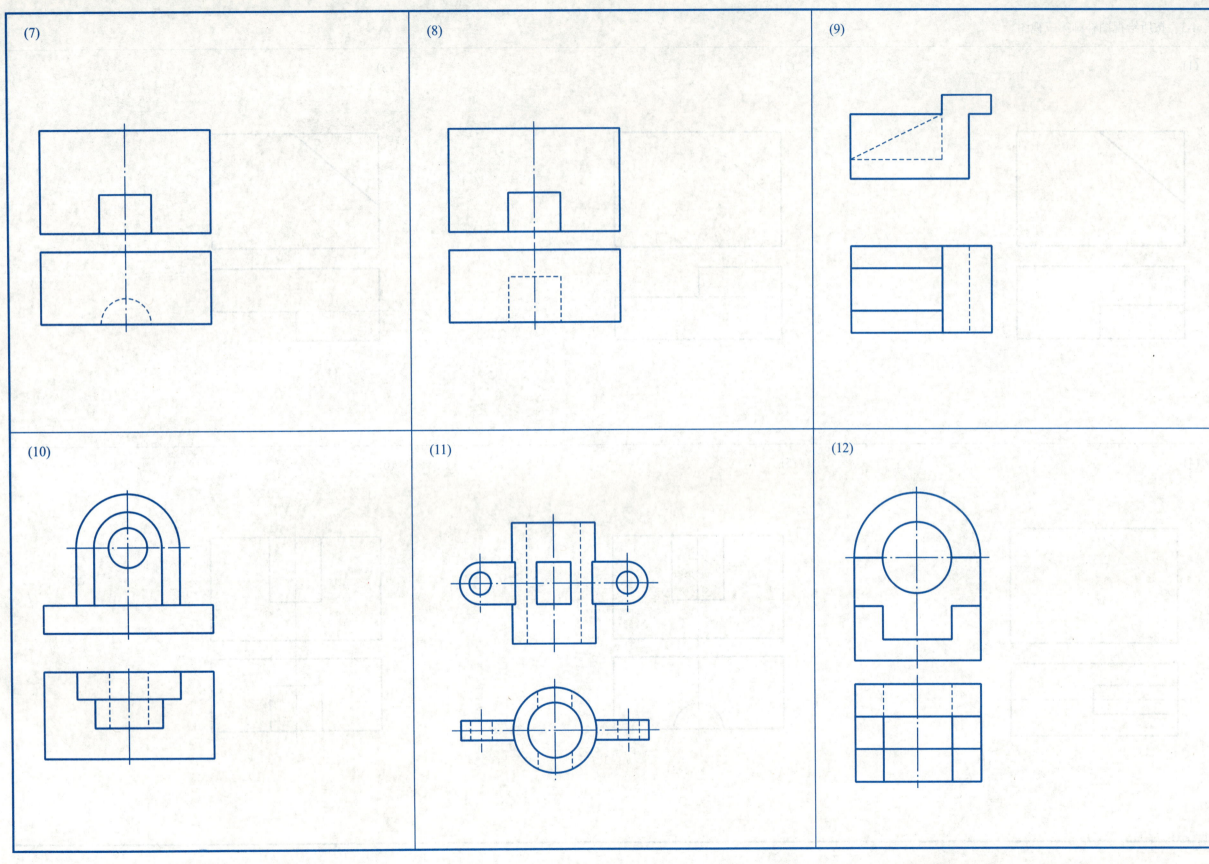

4-4 根据立体图和部分视图，完成三视图。

(1)

(2)

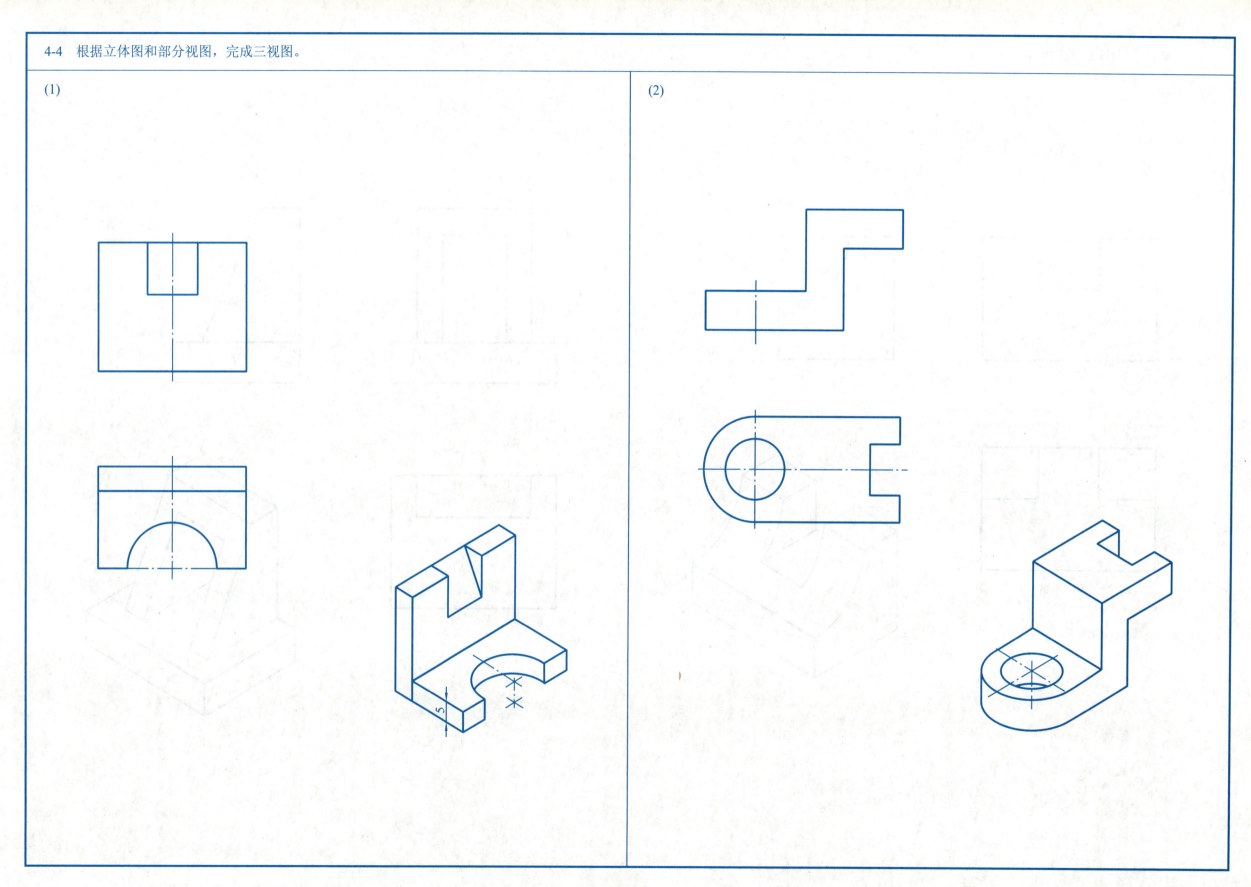

4-5 根据立体图补画三视图中缺少的图线。

(1) (2)

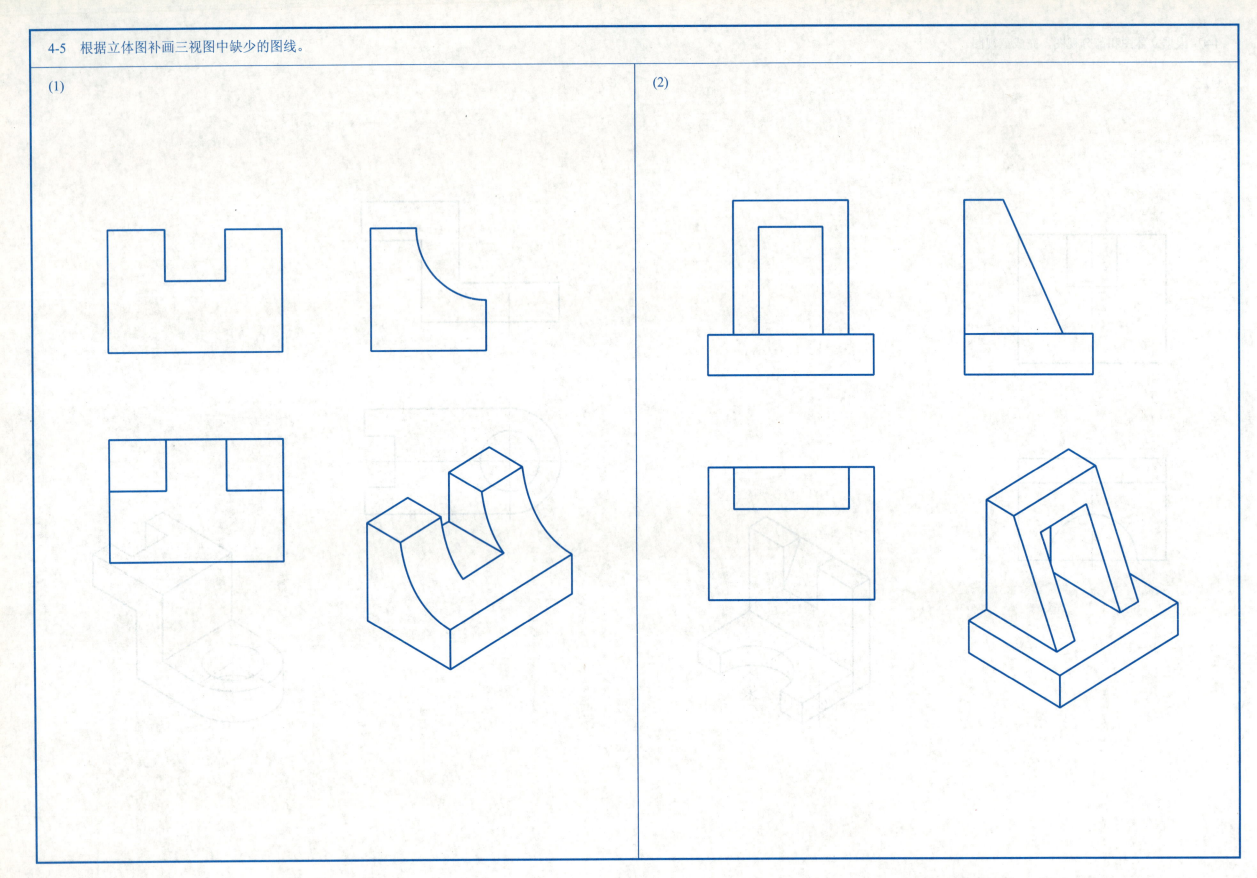

4-6 补画三视图中所缺的图线。

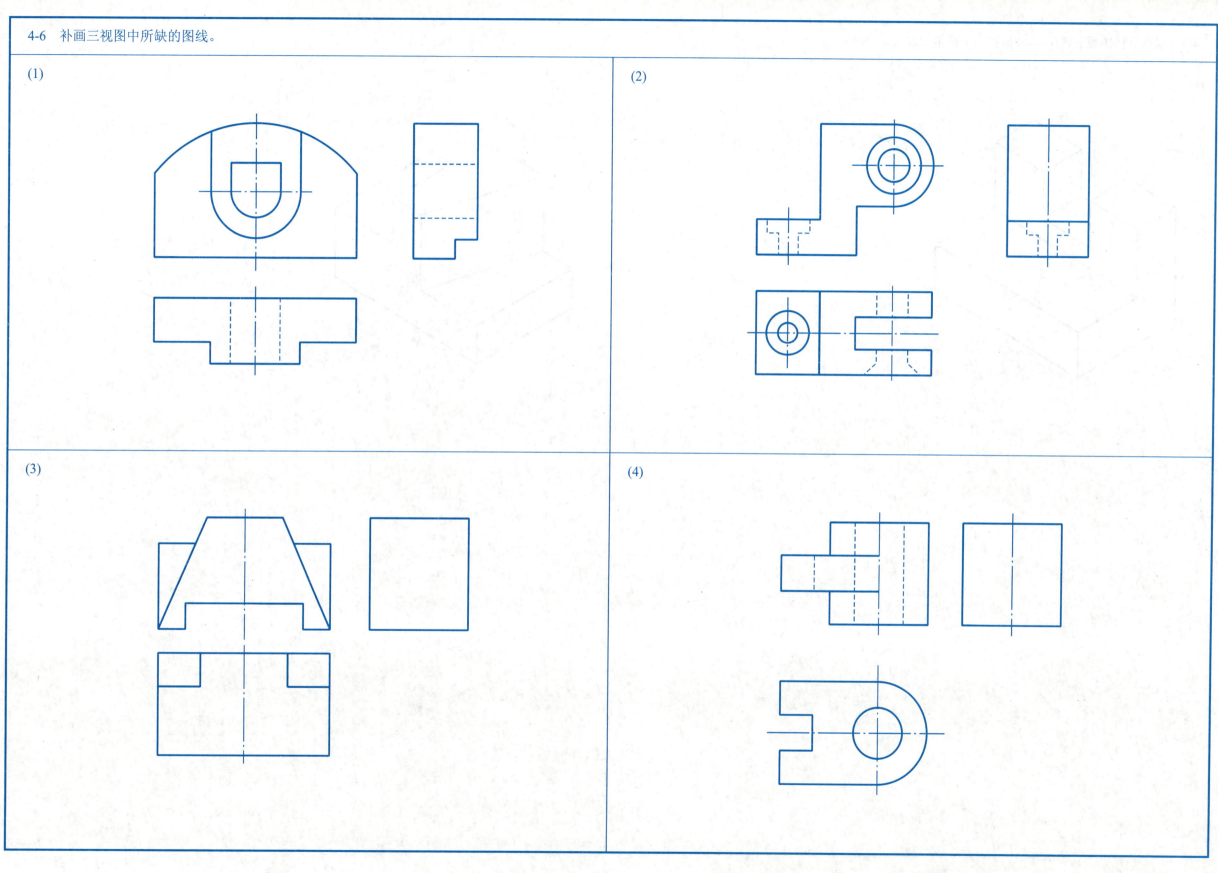

4-7 根据立体图画三视图(尺寸值在图上测量并取整)。

(1)

(2)

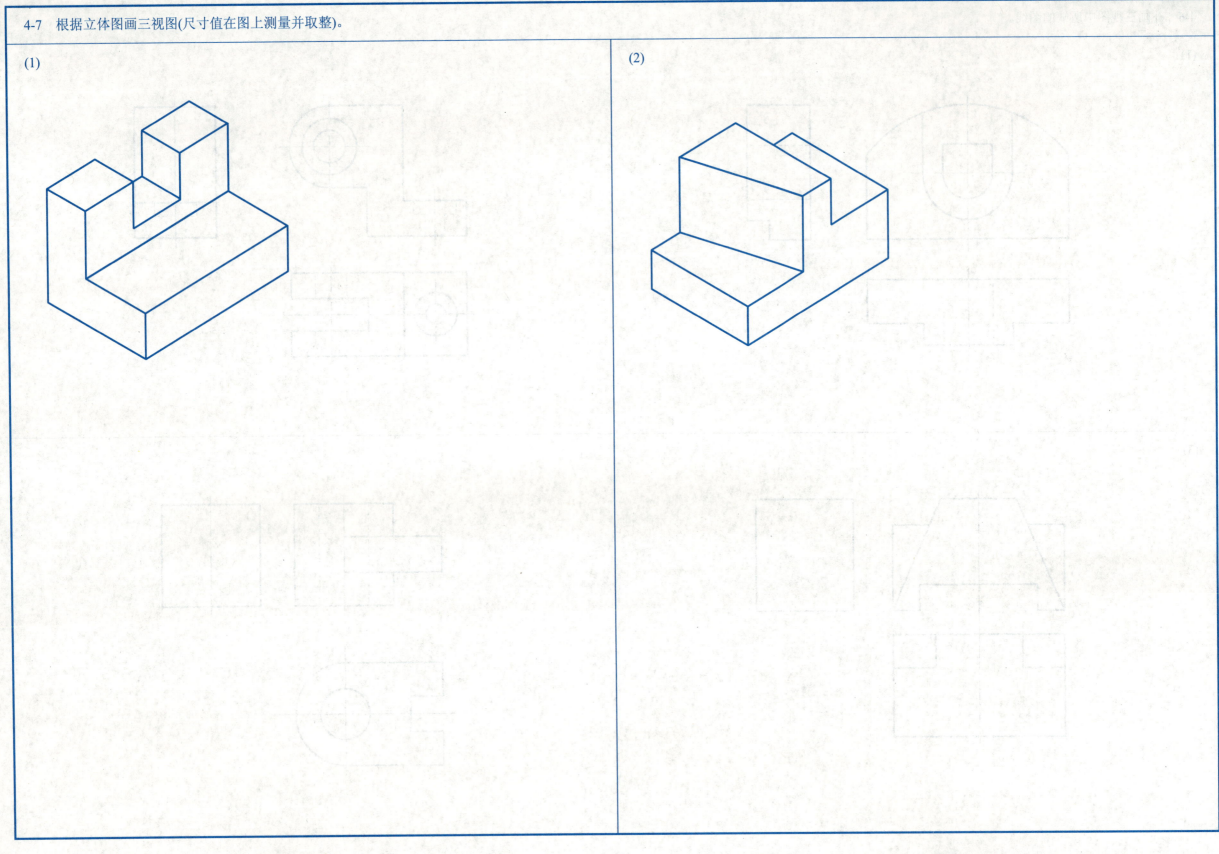

专业班级　　　姓名　　　学号

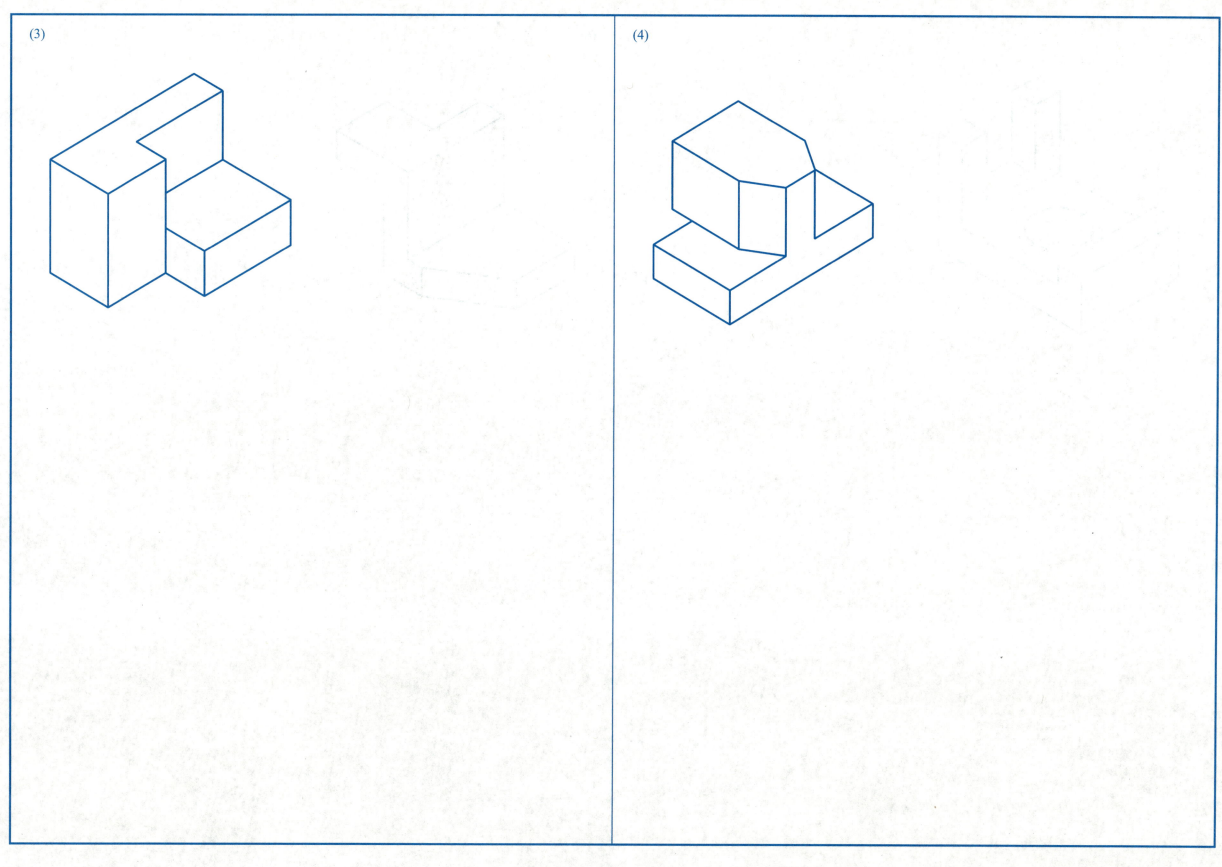

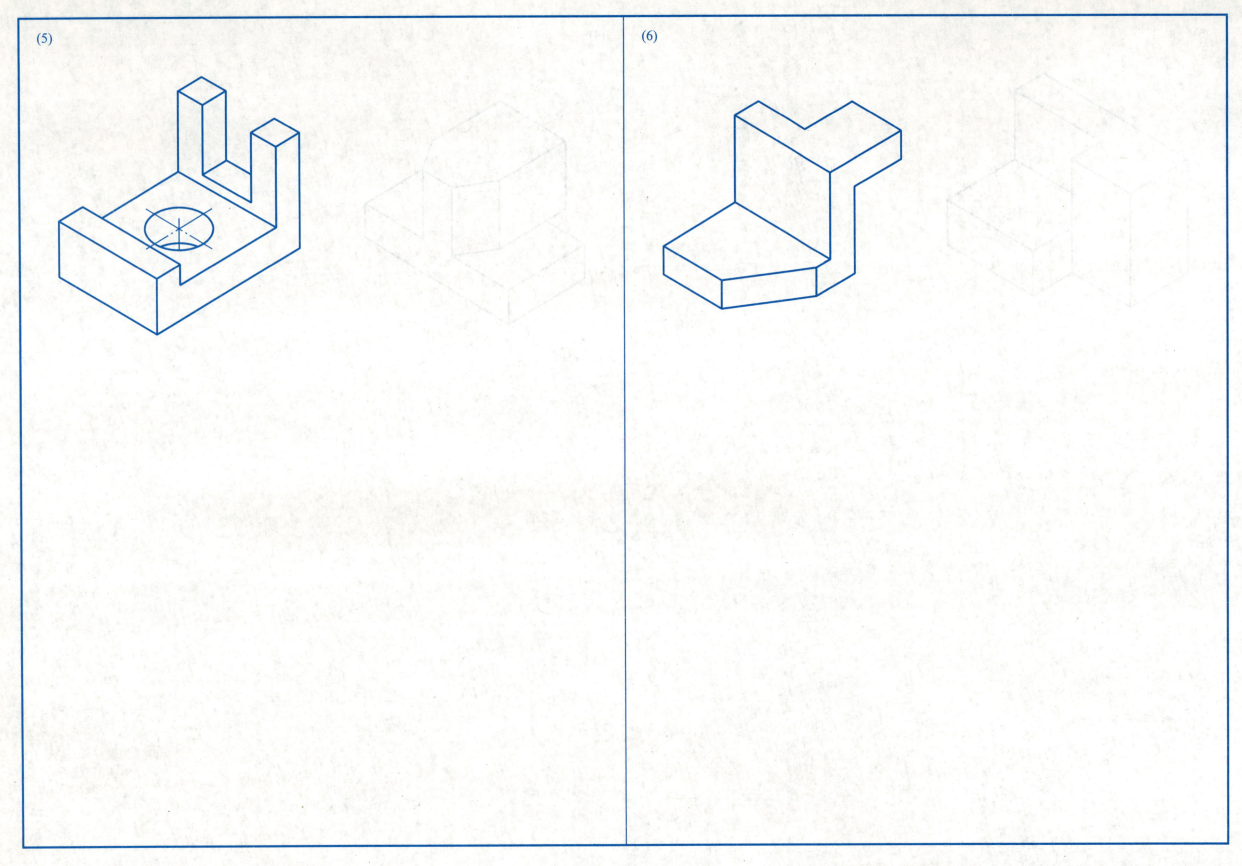

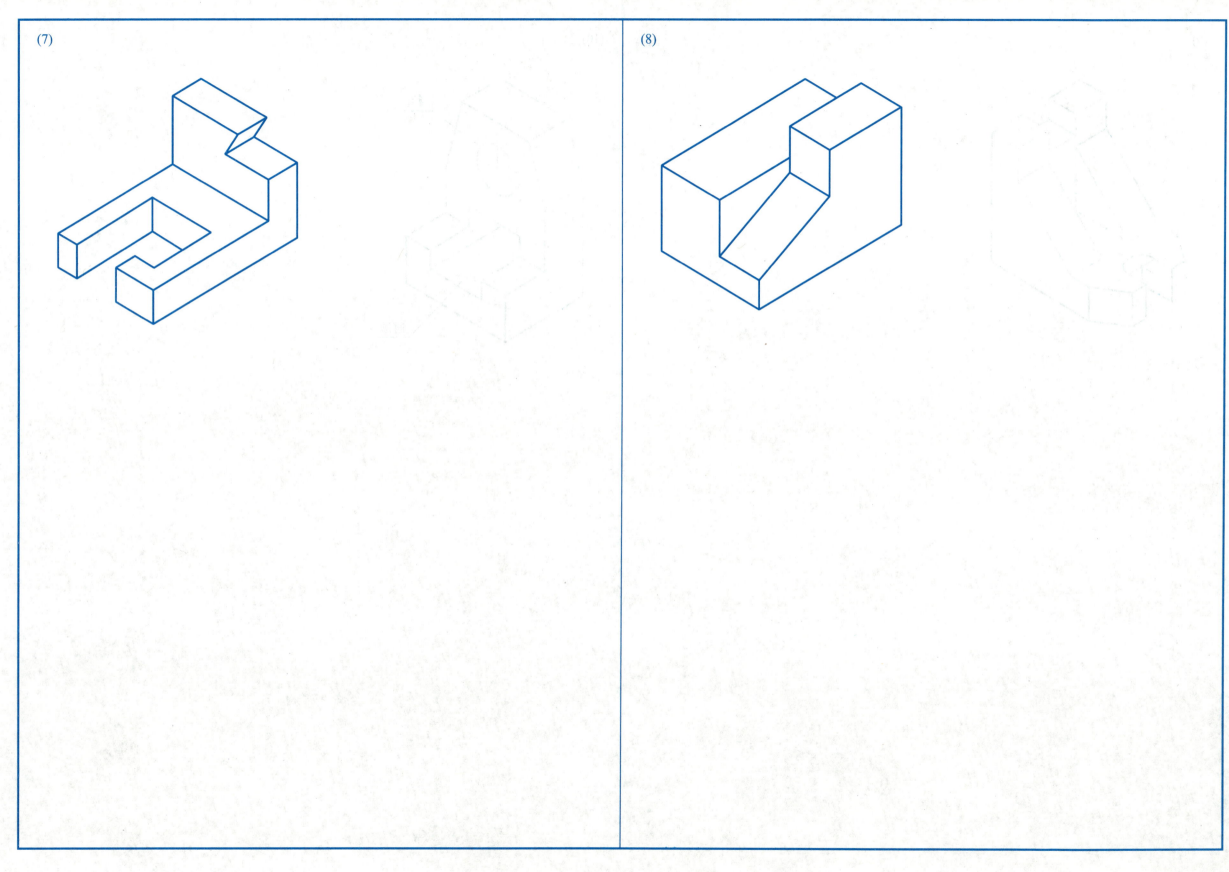

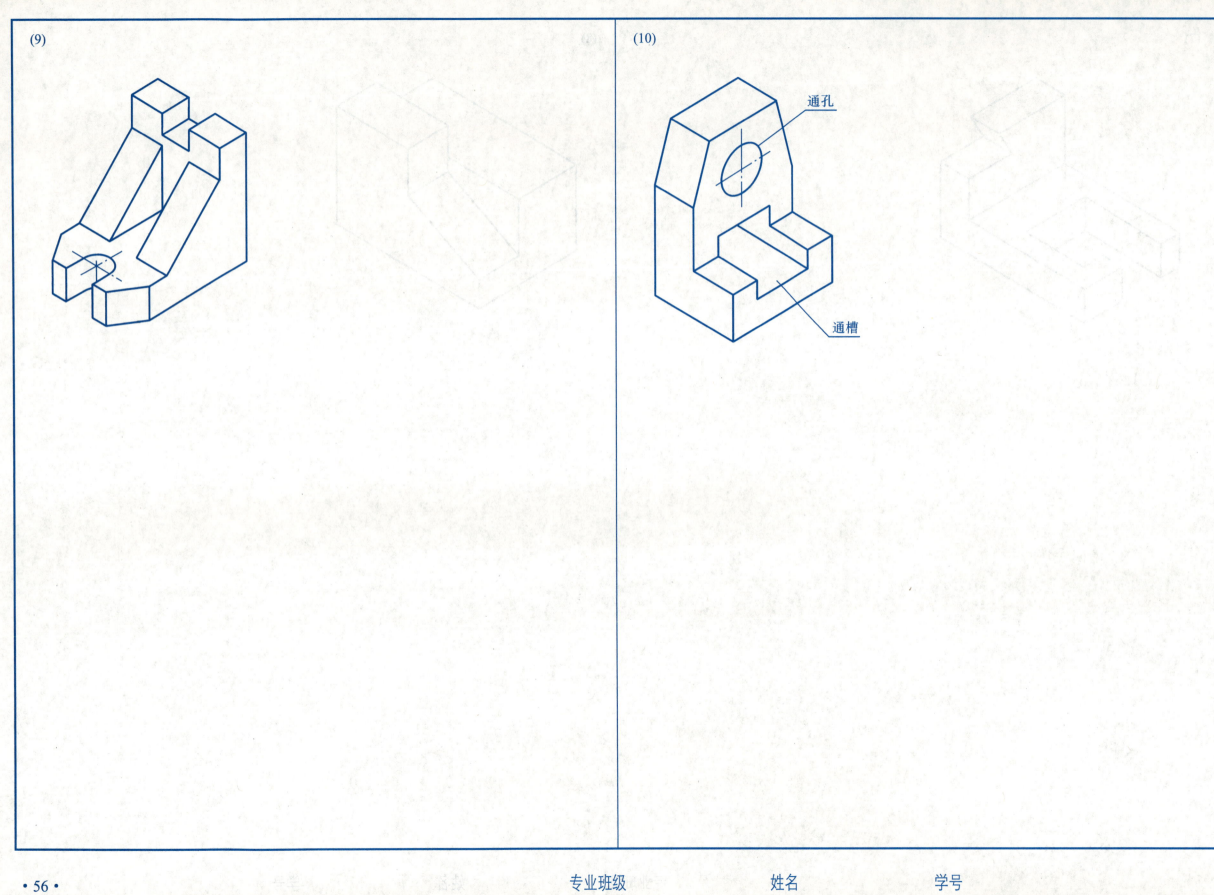

4-8 改正视图中尺寸标注的错误(在重复或错误的尺寸线上打"×",并补全遗漏的尺寸)。

(1)　　　　　　　　　　　　　　　　　　　　(2)

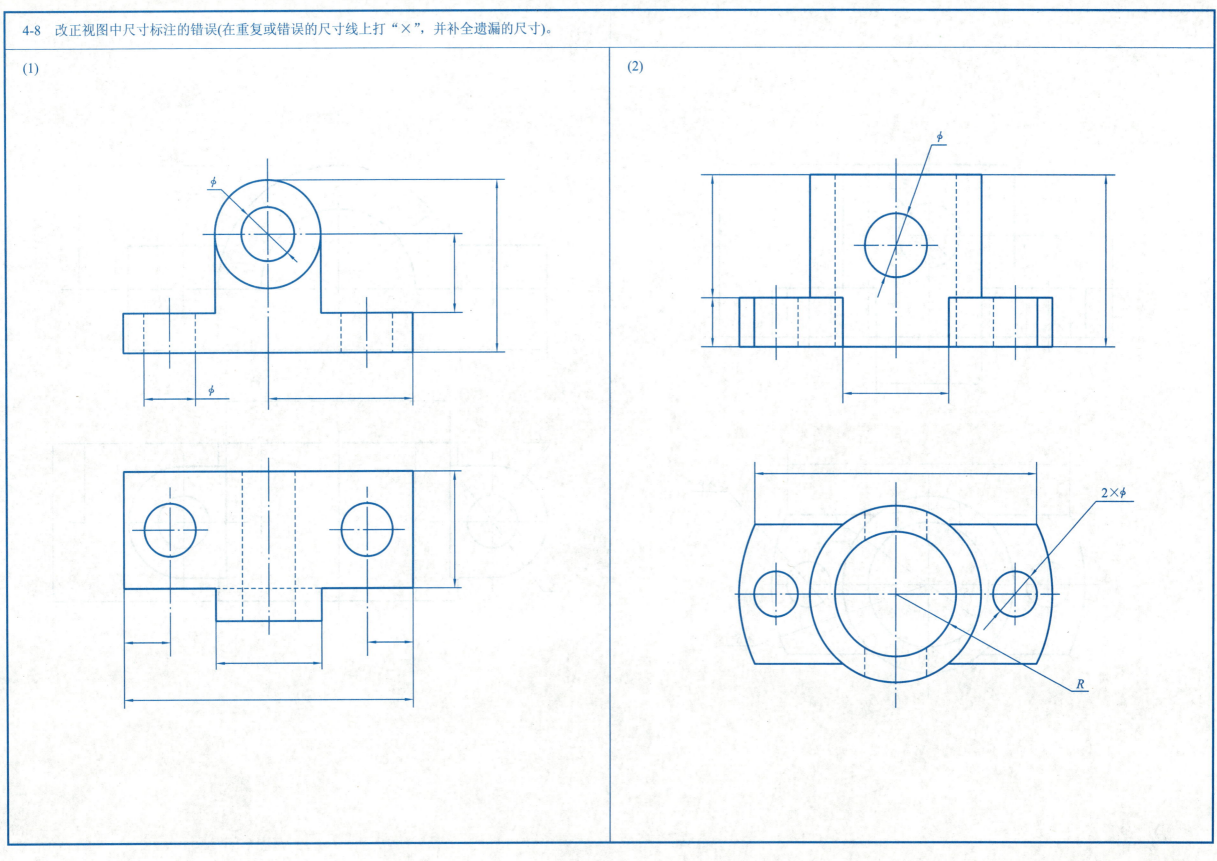

专业班级　　　　　姓名　　　　　学号

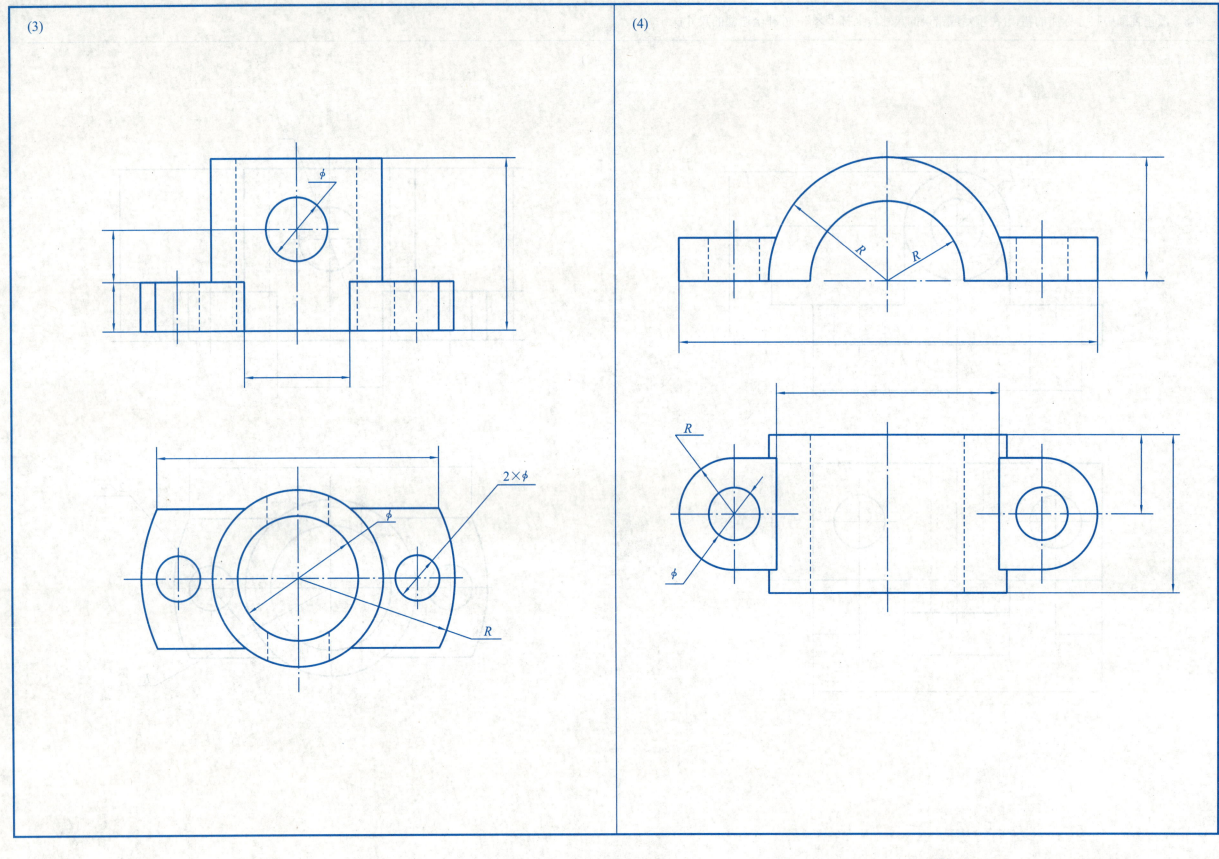

4-9 标注组合体的尺寸(尺寸值直接在图上测量并取整数)。

(1)

(2)

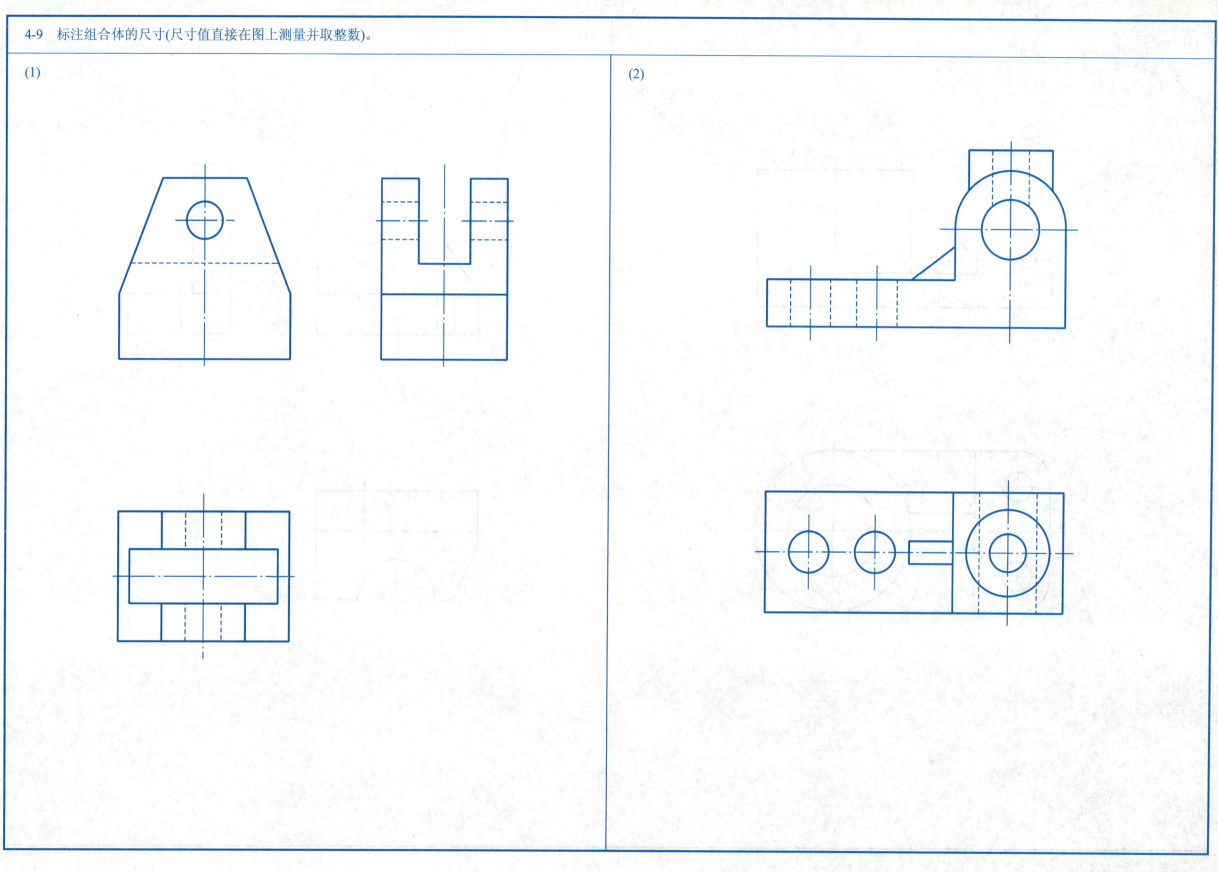

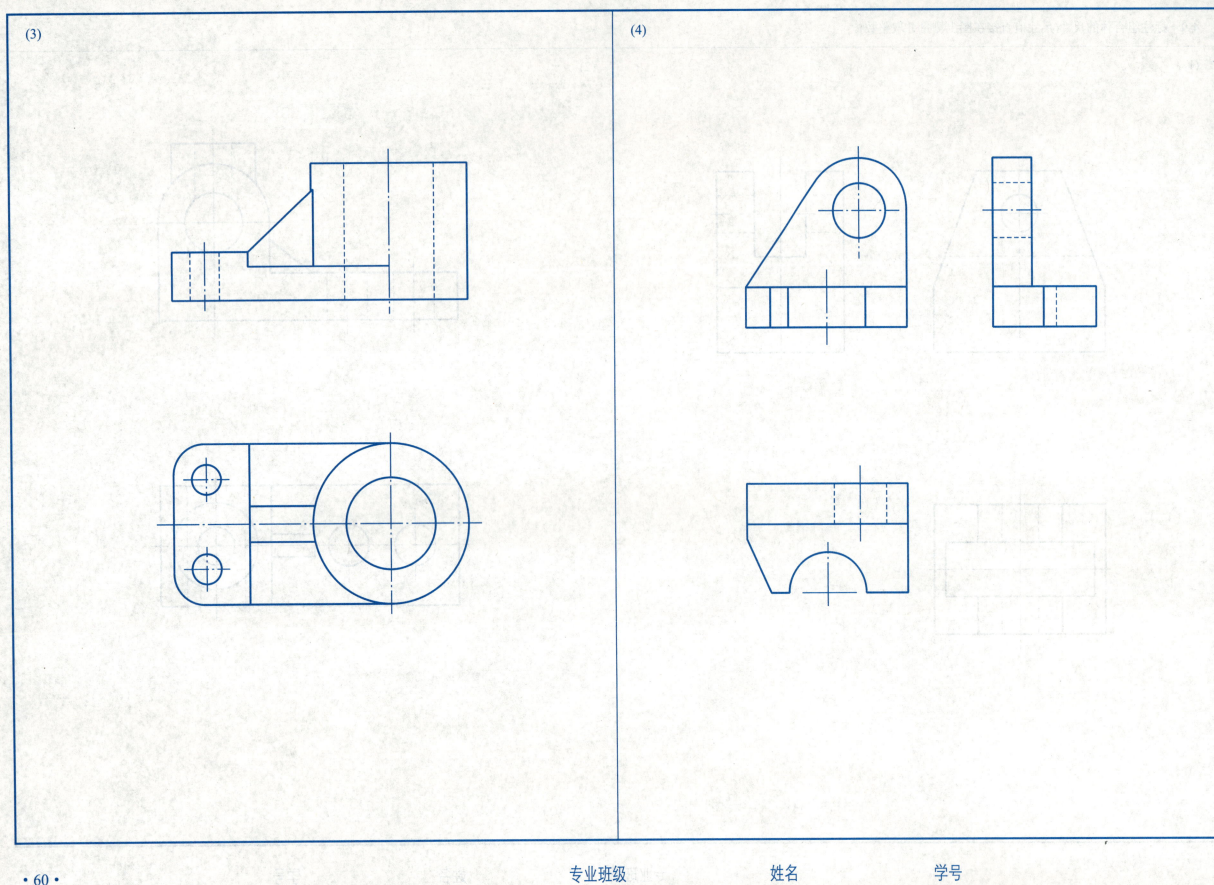

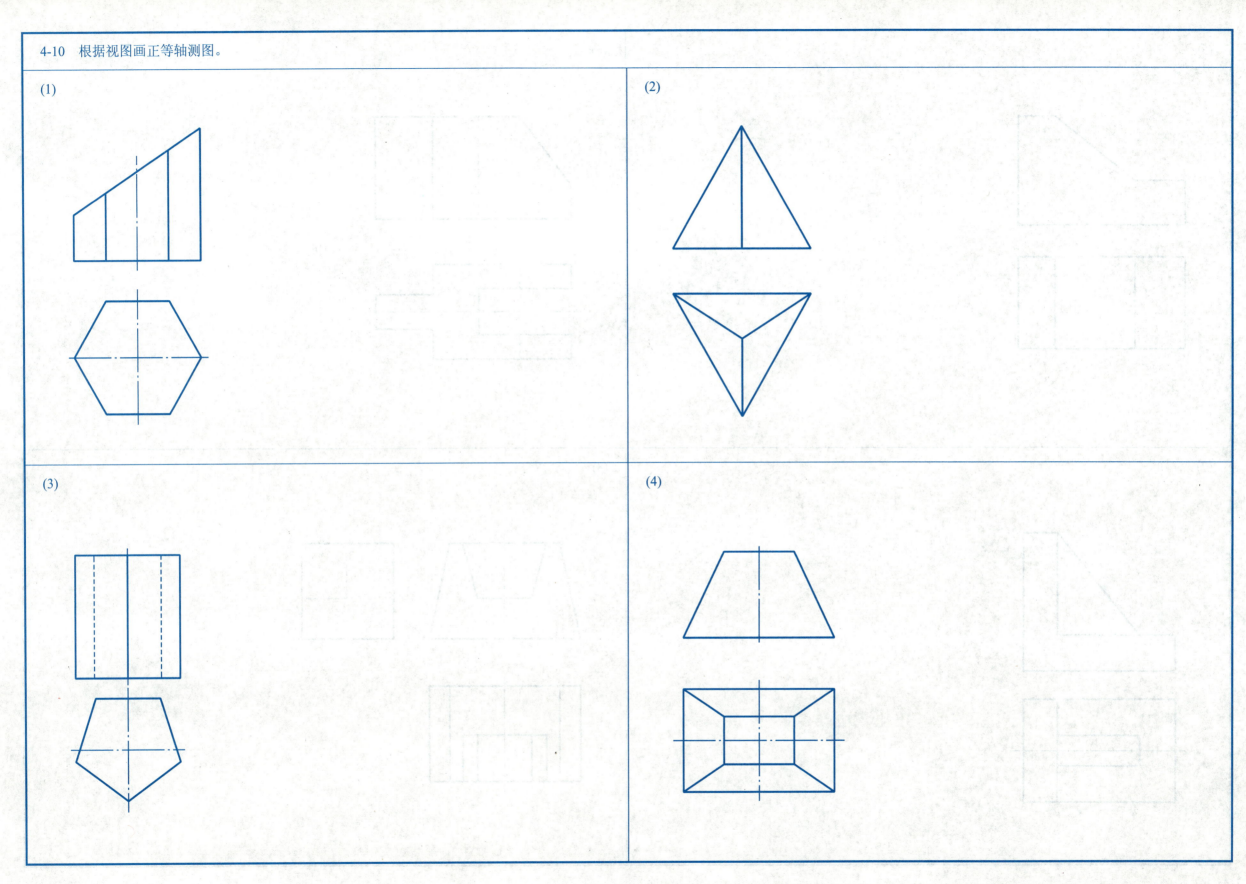

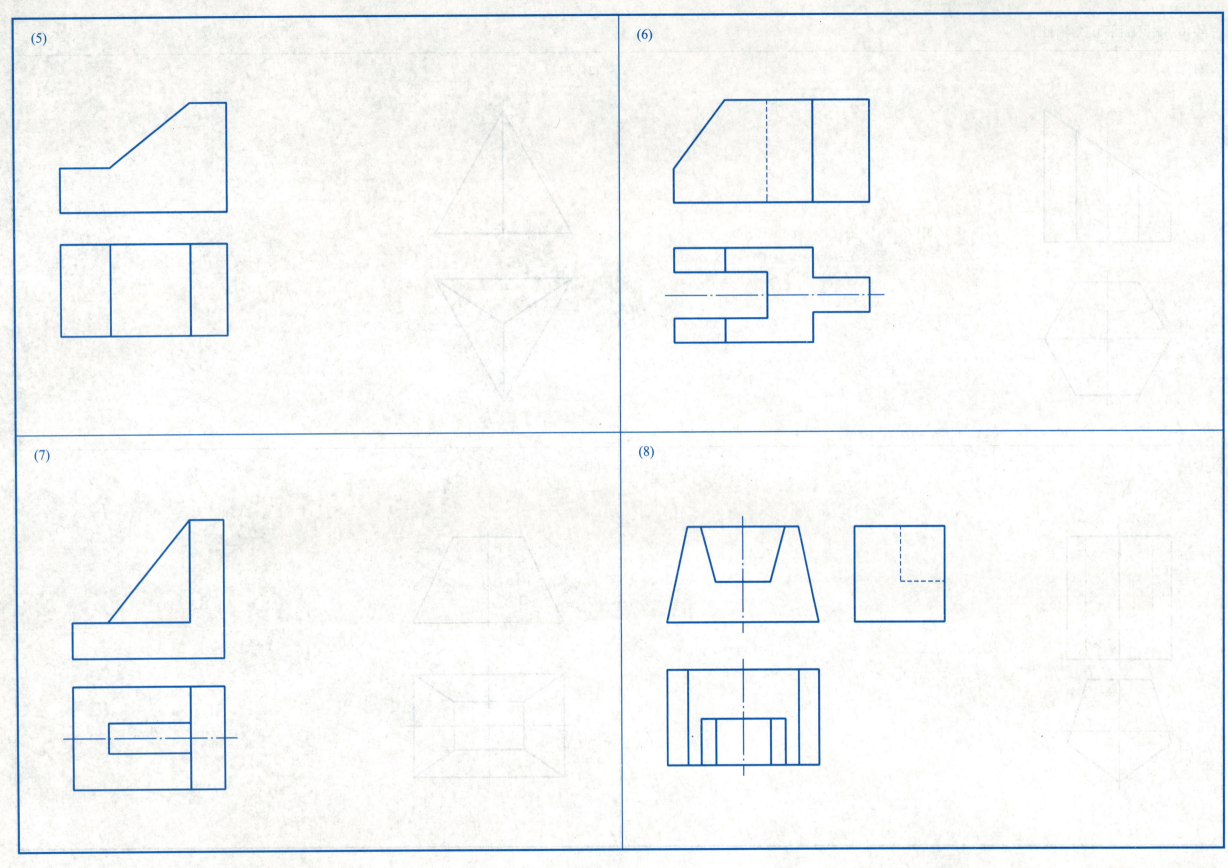

4-11 根据视图画正斜二等轴测图。

(1)

(2)

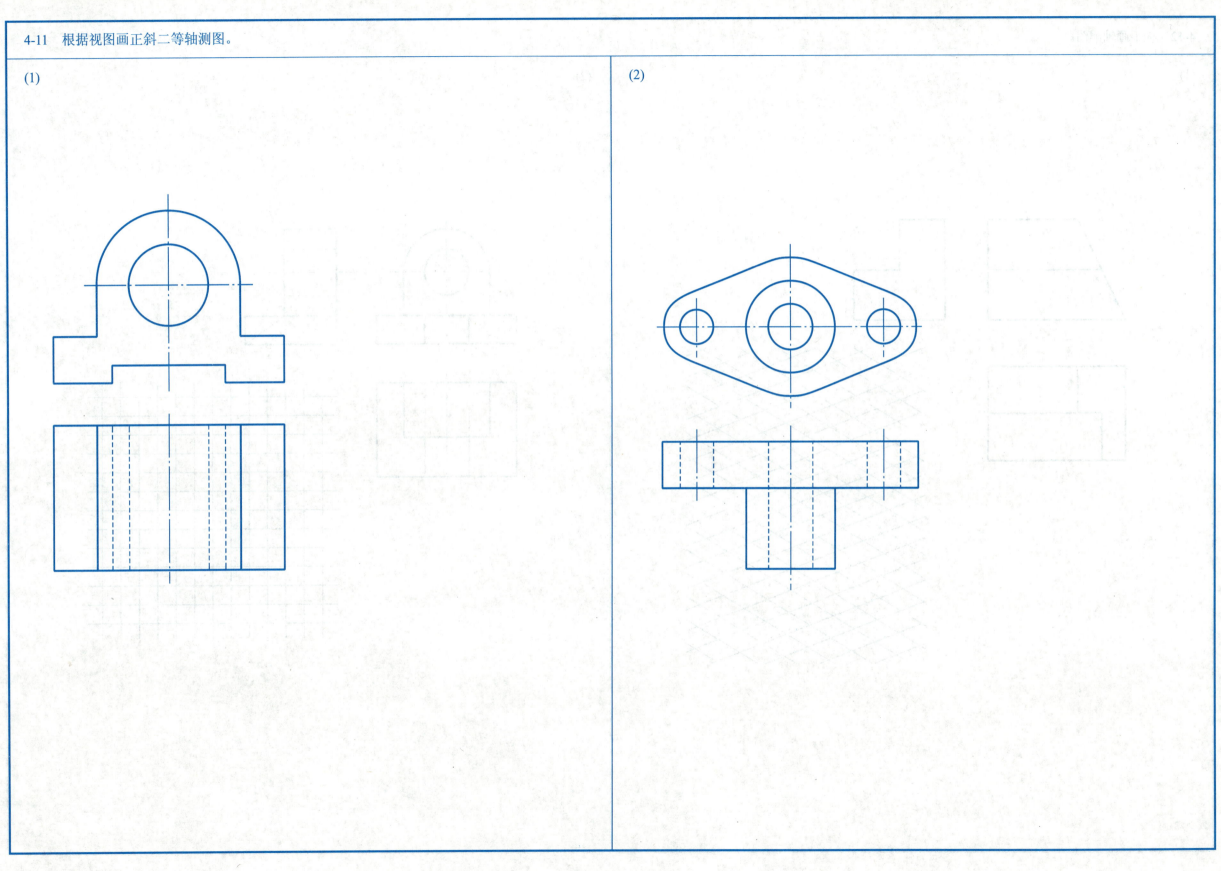

4-12 徒手画轴测图。

(1)

(2)

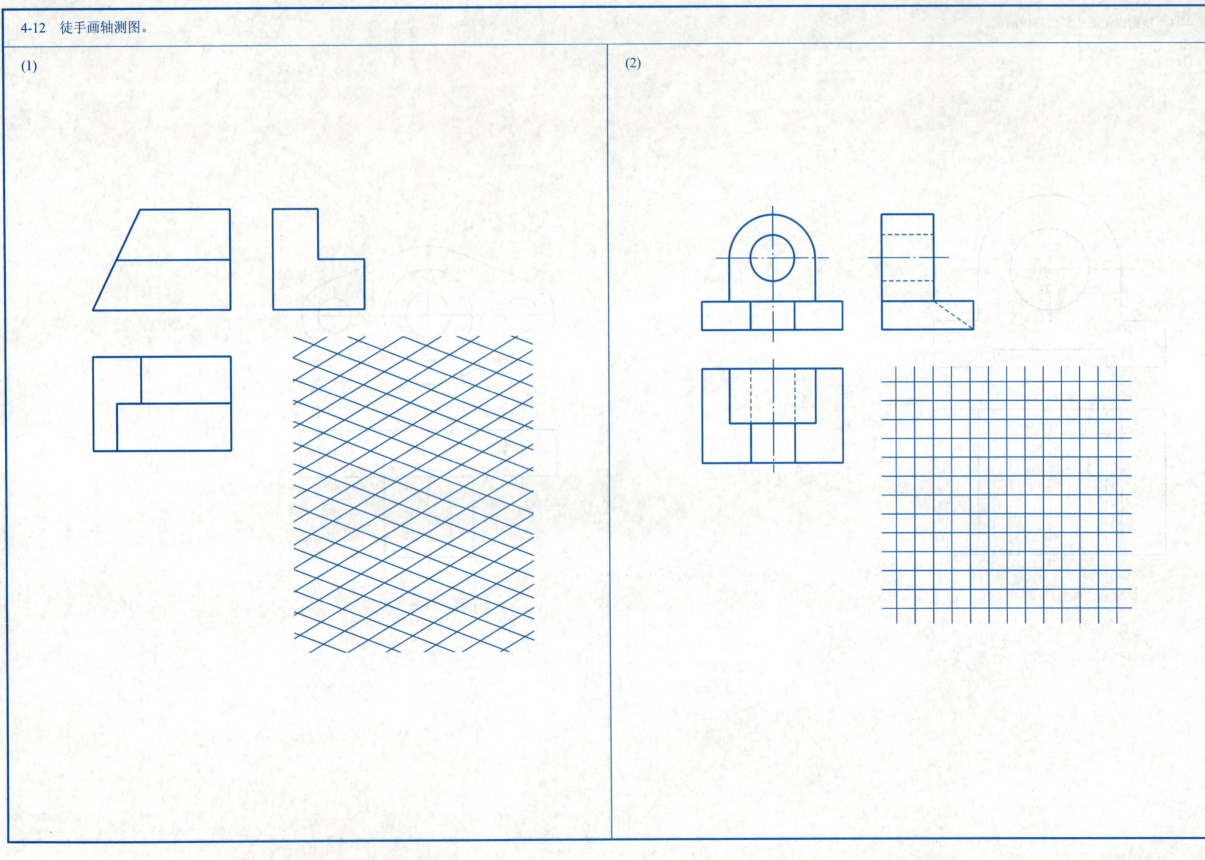

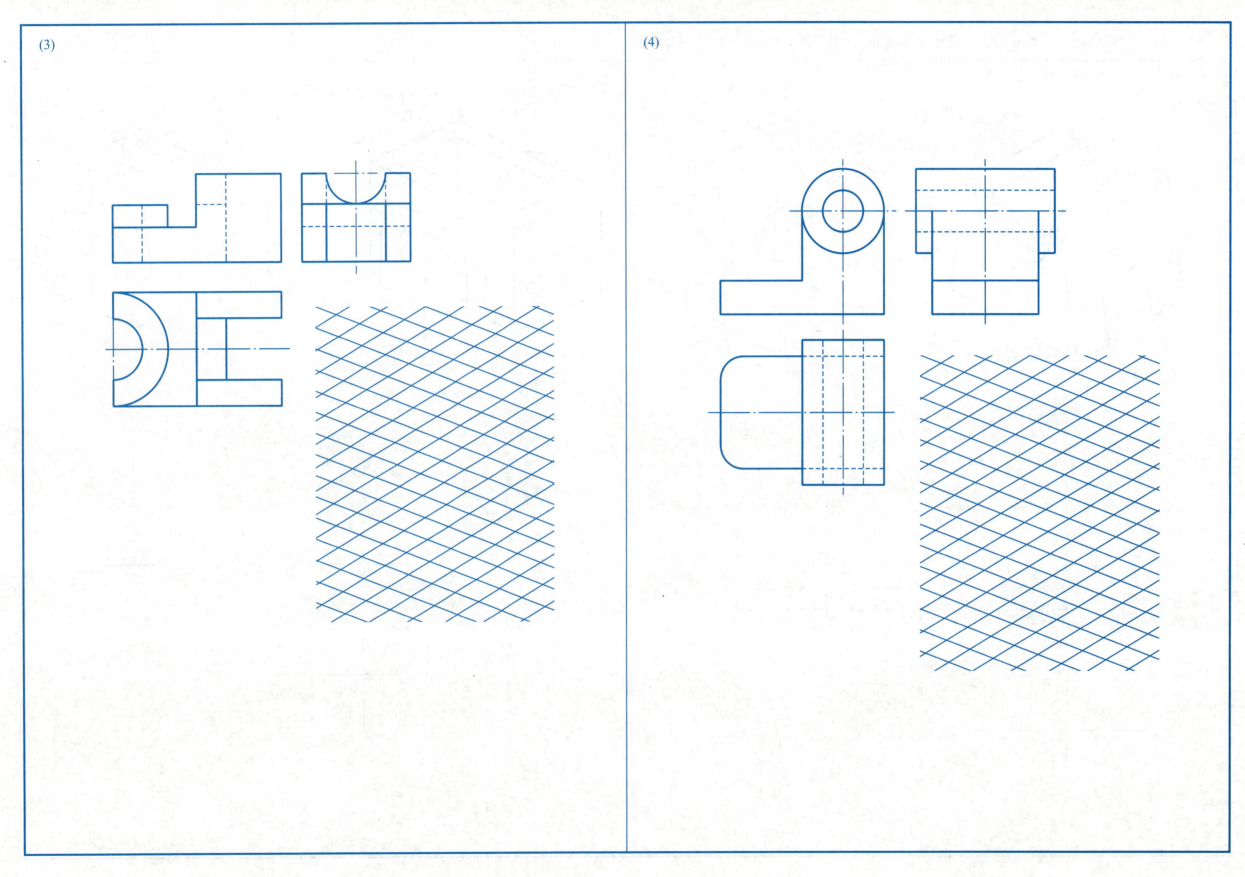

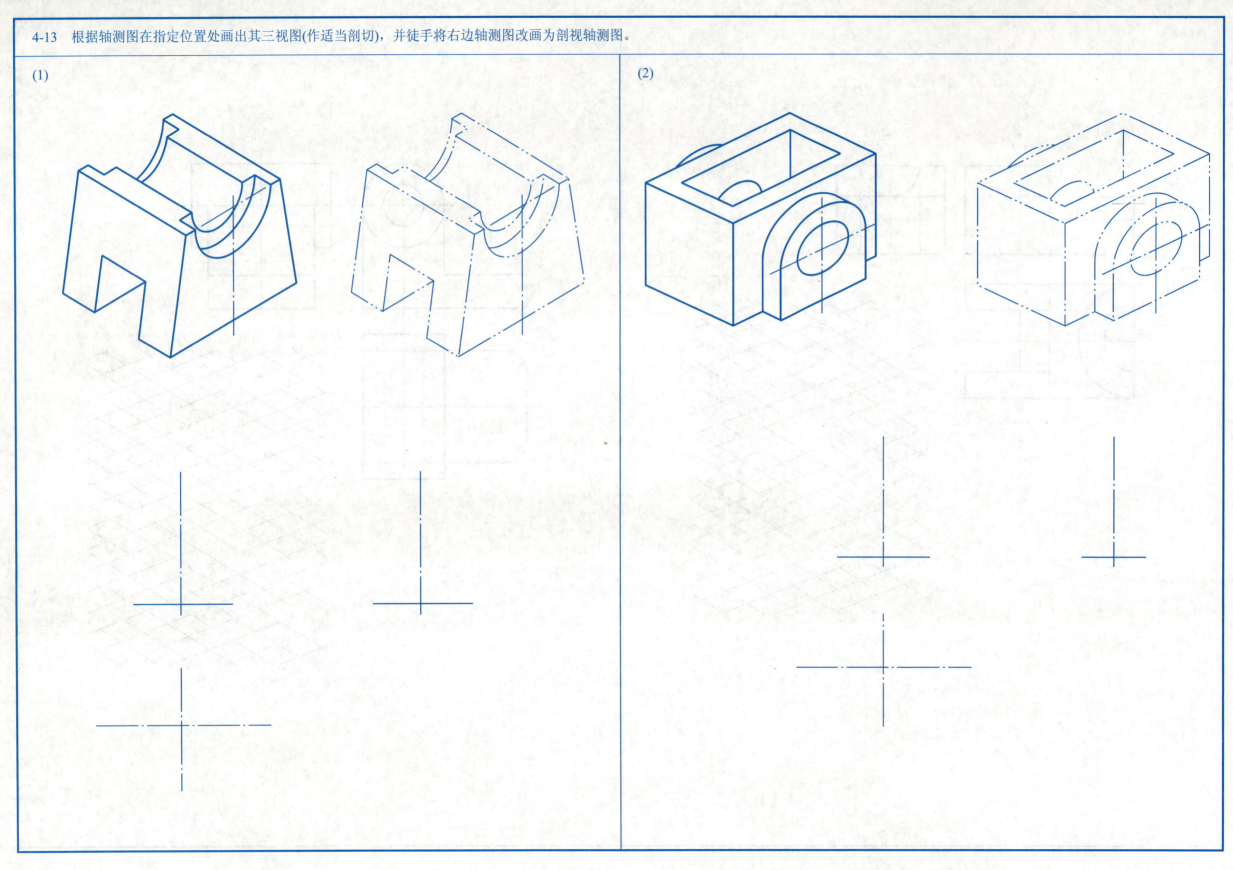

# 第 5 章 机件的表达方法

5-1 根据三个视图,补画另三个基本视图。

(1)

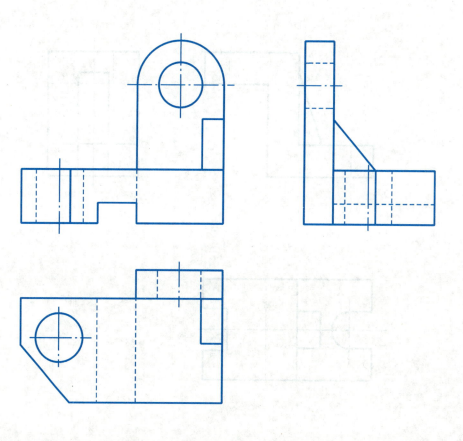

(2)

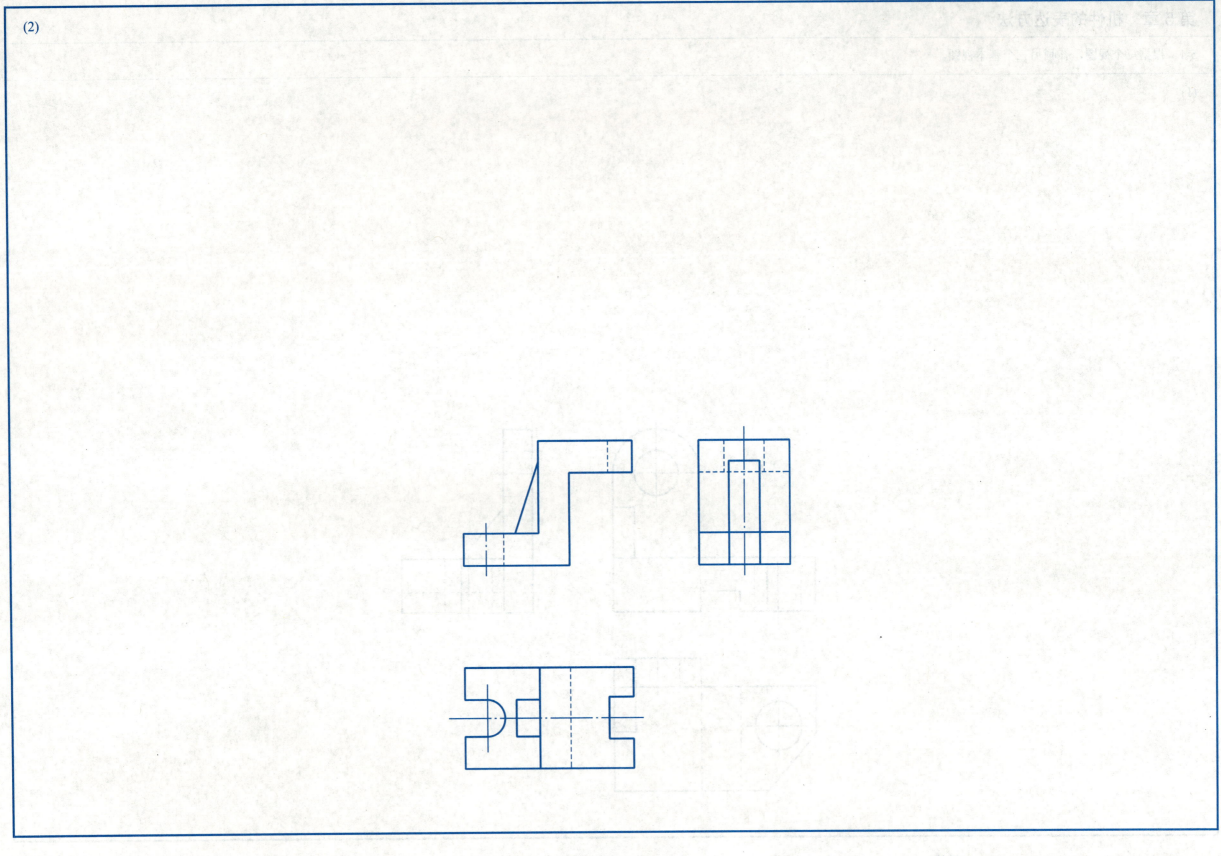

5-2 在空白位置画出 A、B 向视图。

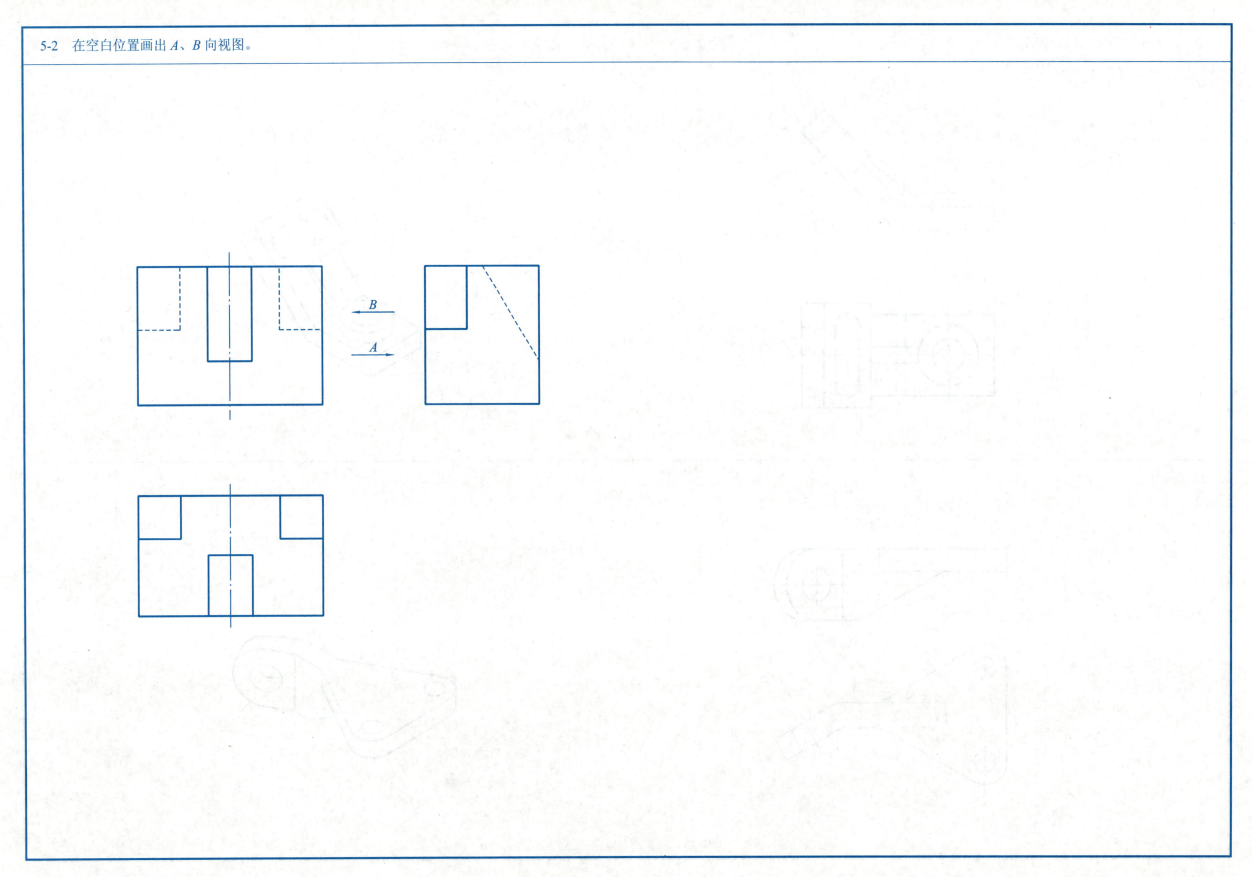

5-3 在空白位置画出 A 向视图。

(1)

(2)

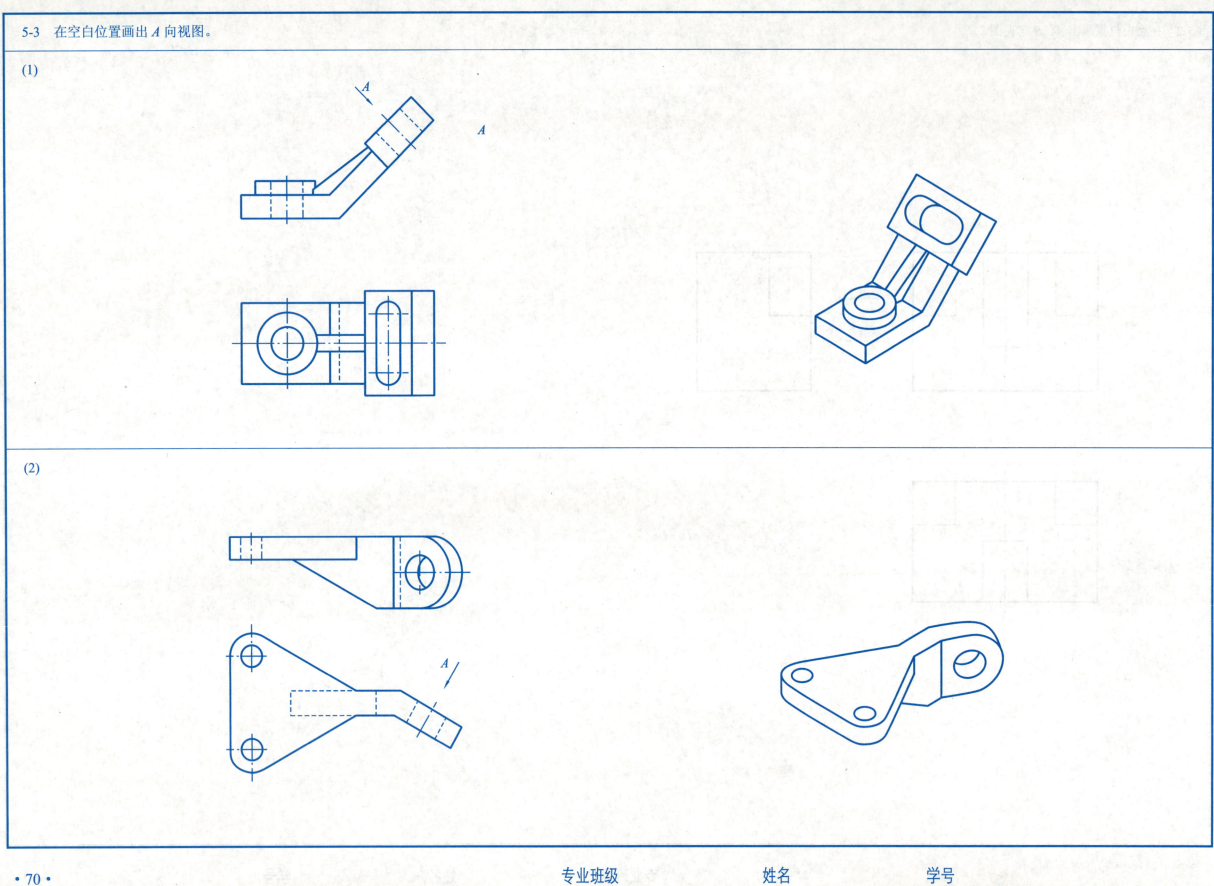

5-4 将下列机件的主视图改为适当的剖视图。

(1)

(2)

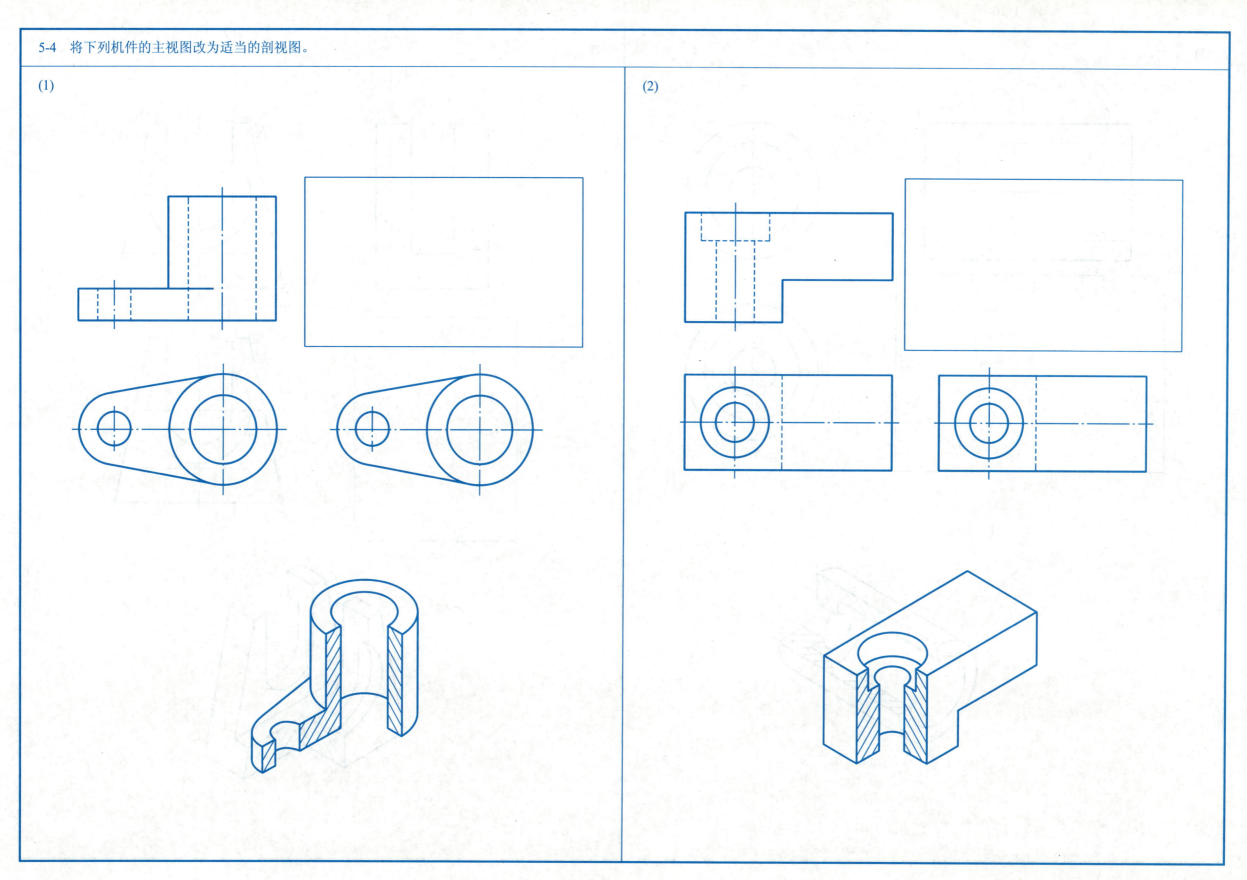

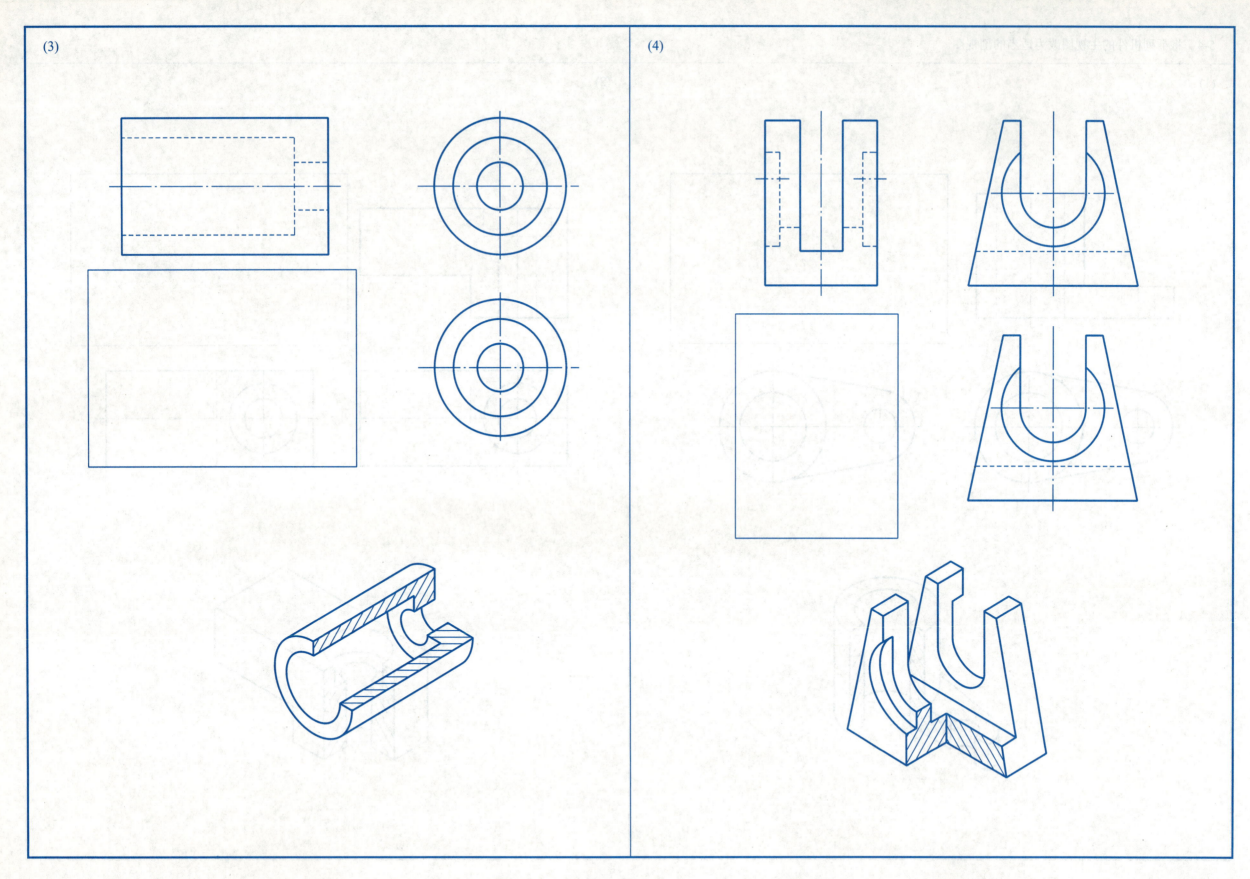

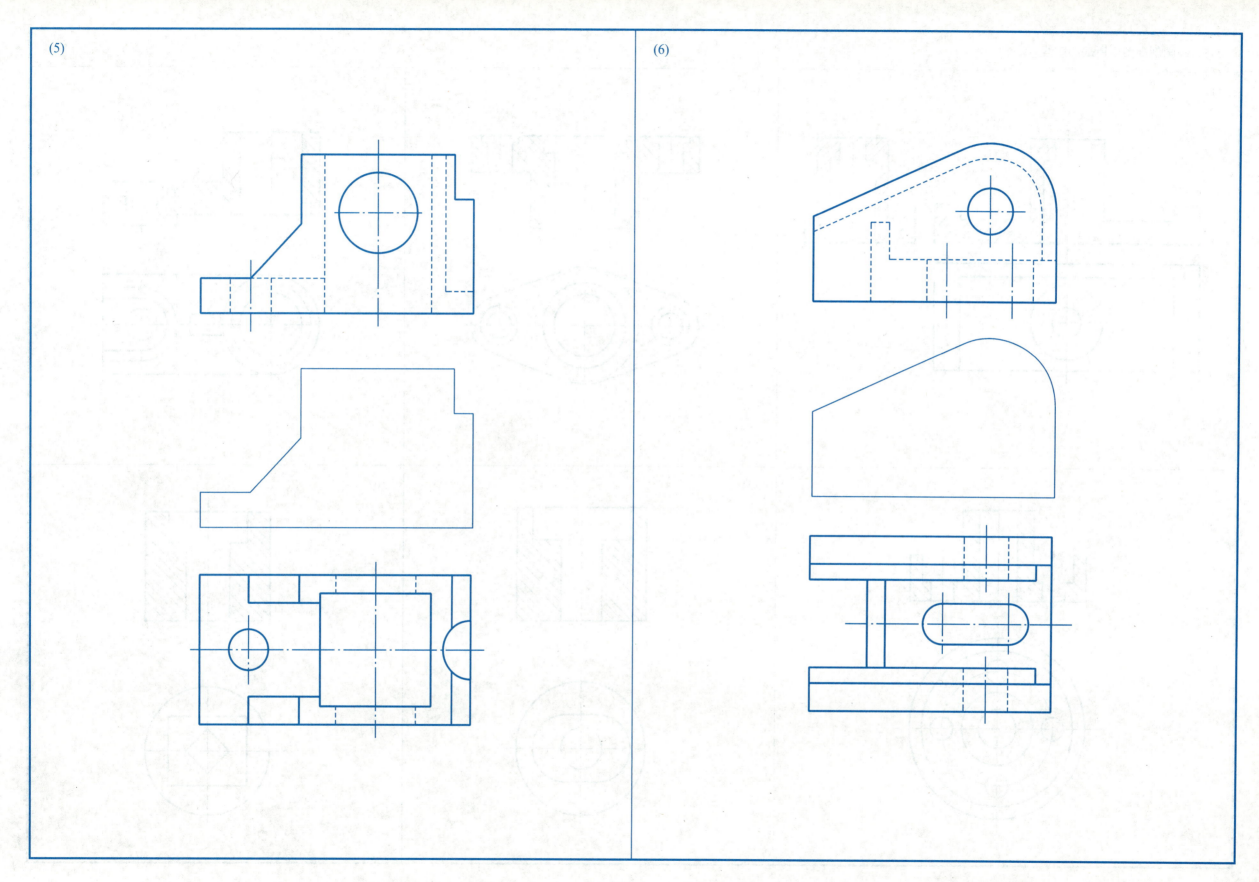

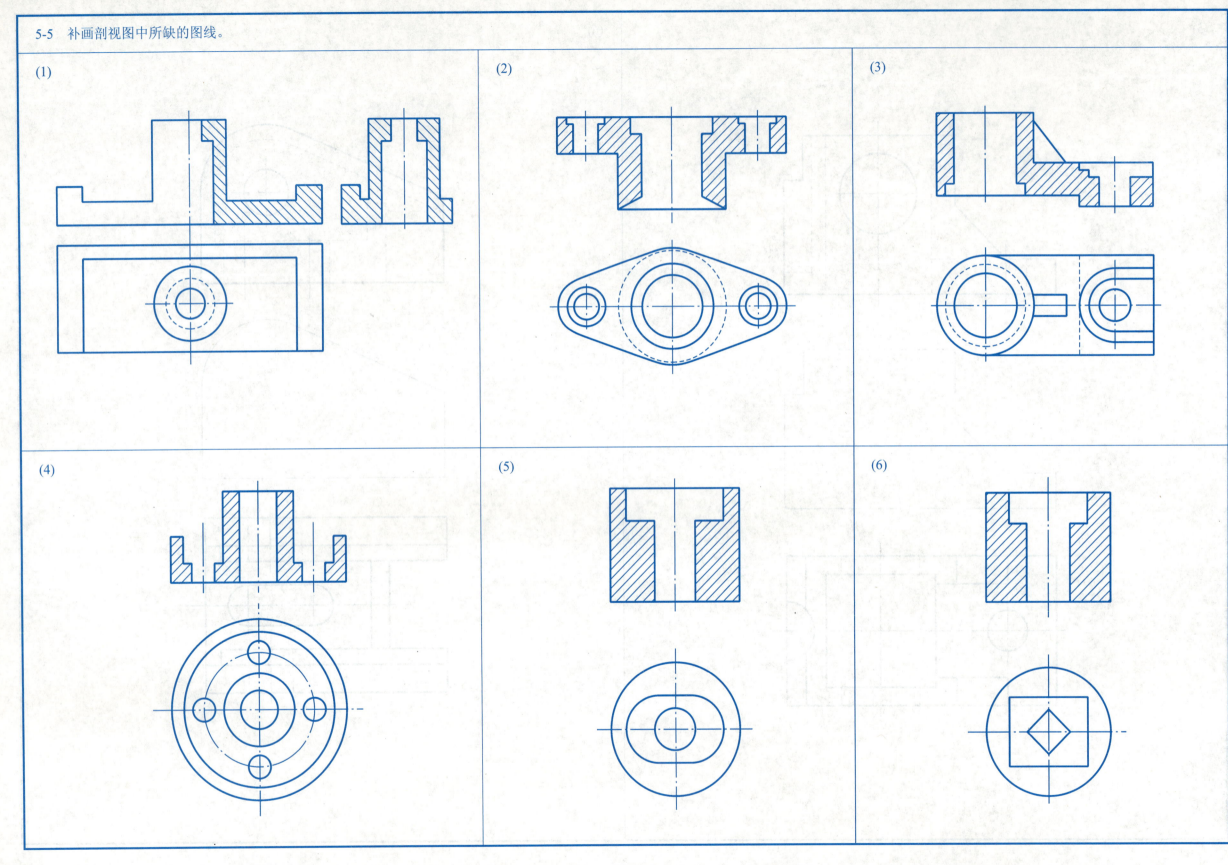

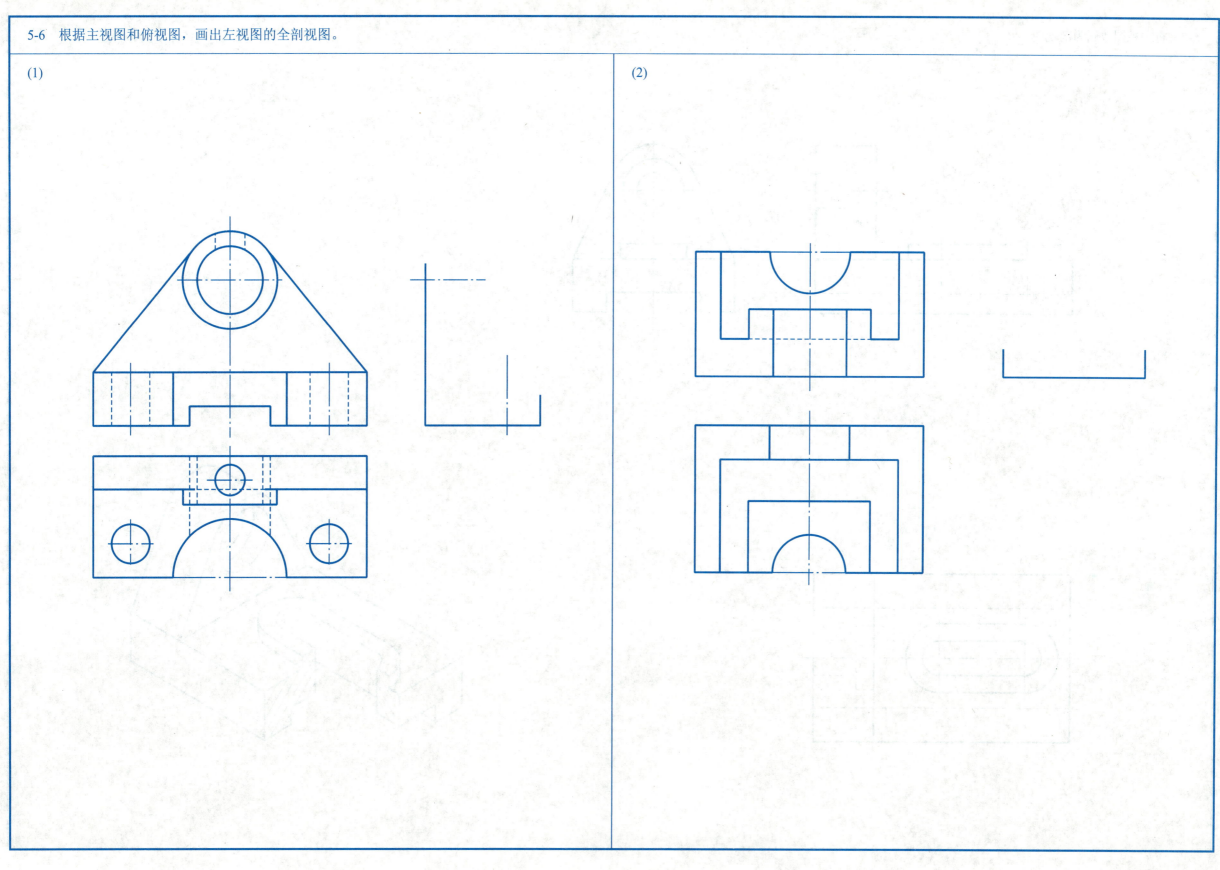

5-7 将主视图改画为剖视图。

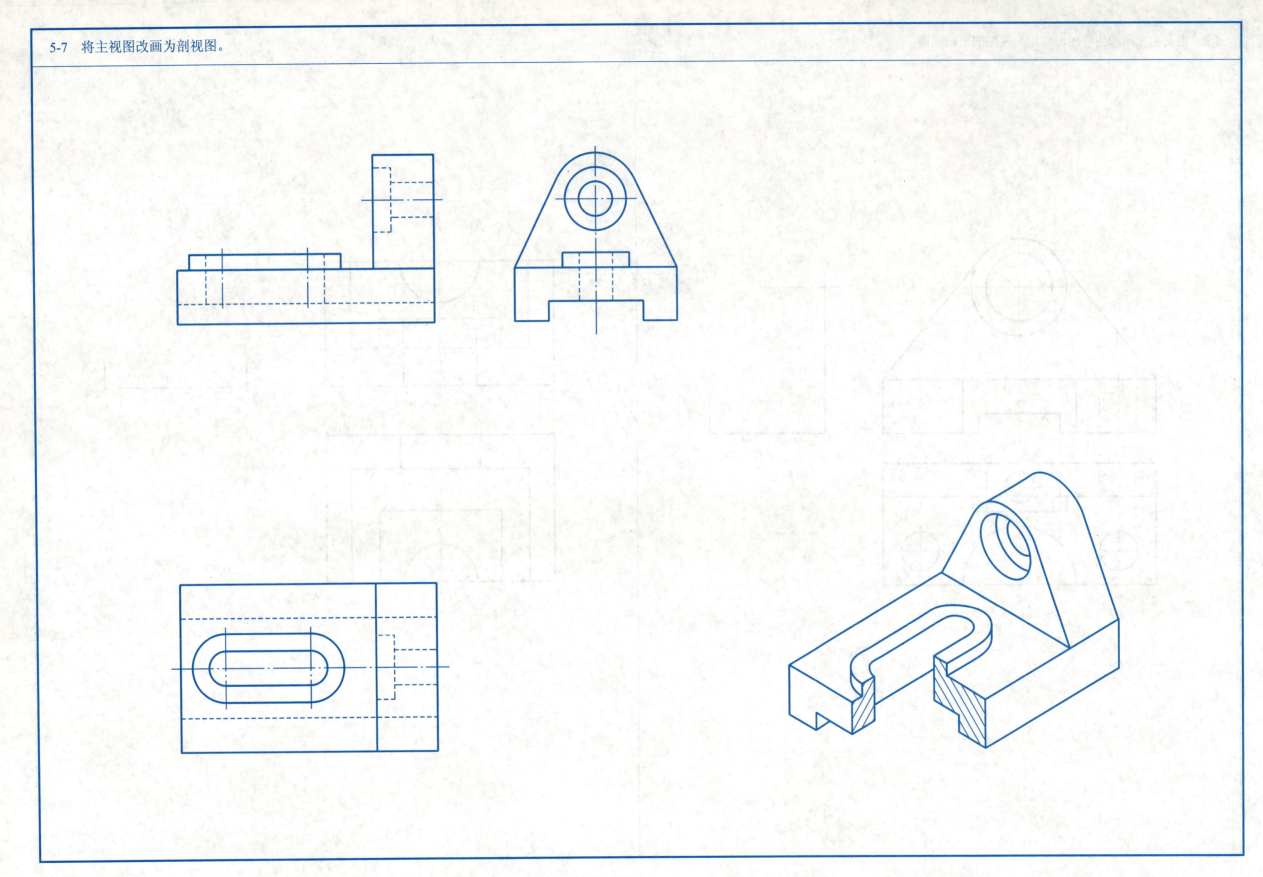

5-8 将主视图改画为半剖视图，并画出 A—A 剖视。

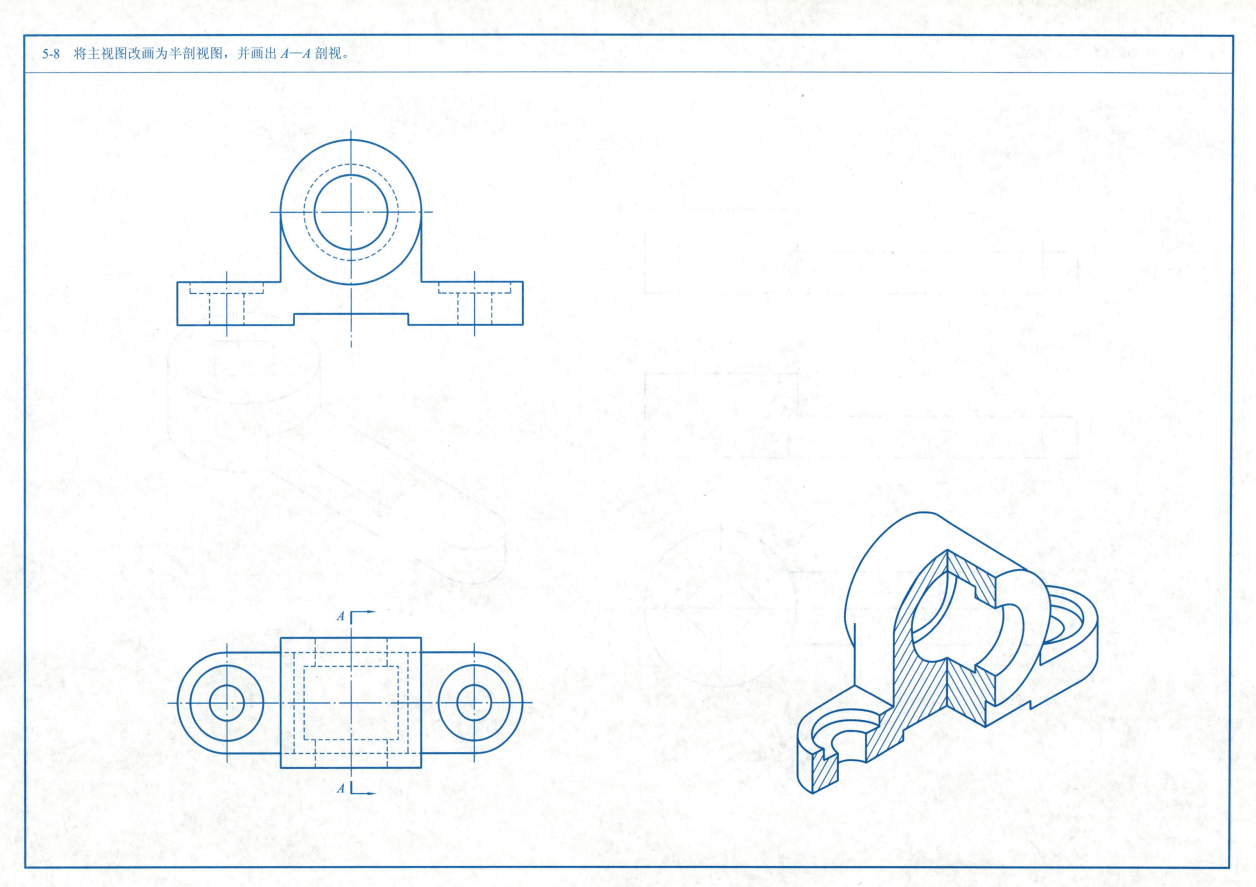

5-9 将主视图改画为局部剖视图。

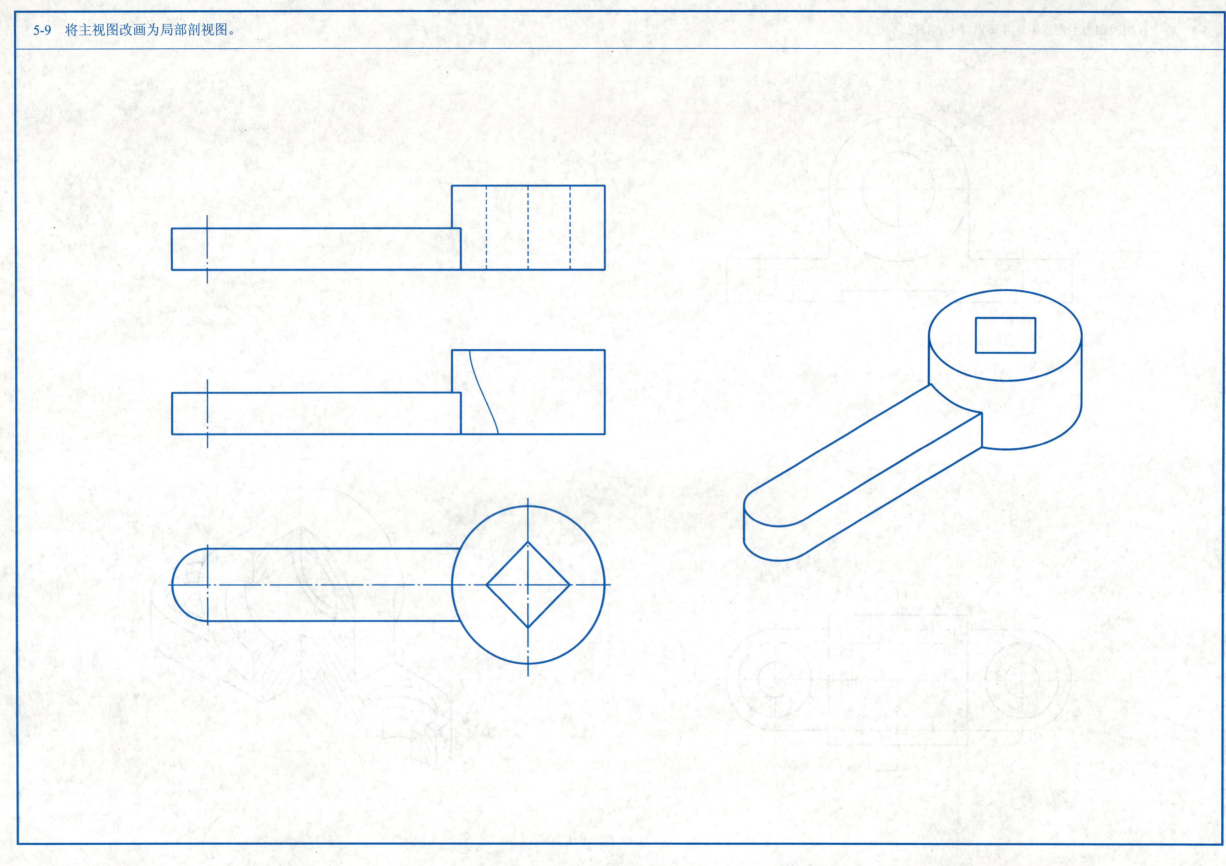

5-10 分析剖视图中肋板剖视的错误画法，将机件正确的剖视图画在细实线框内。

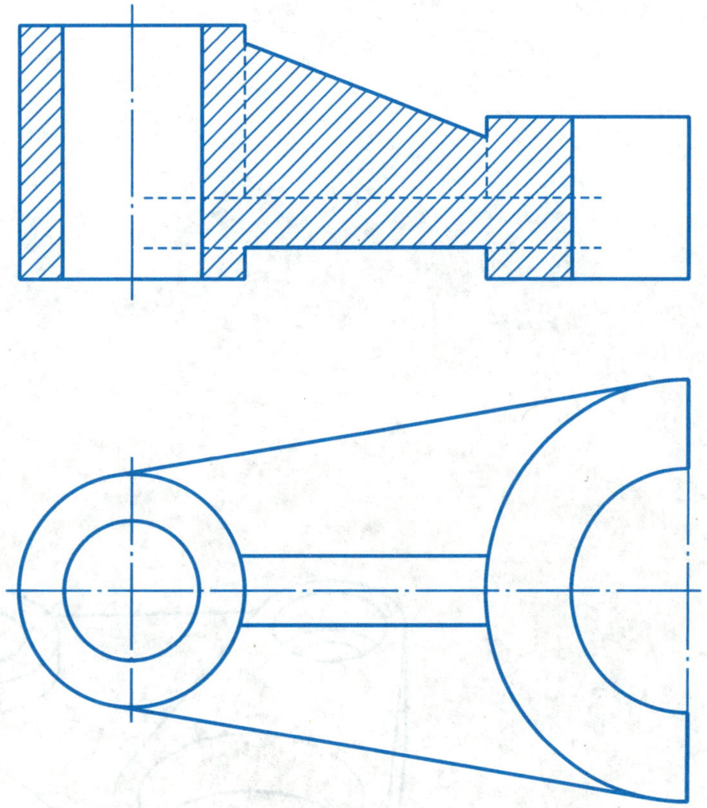

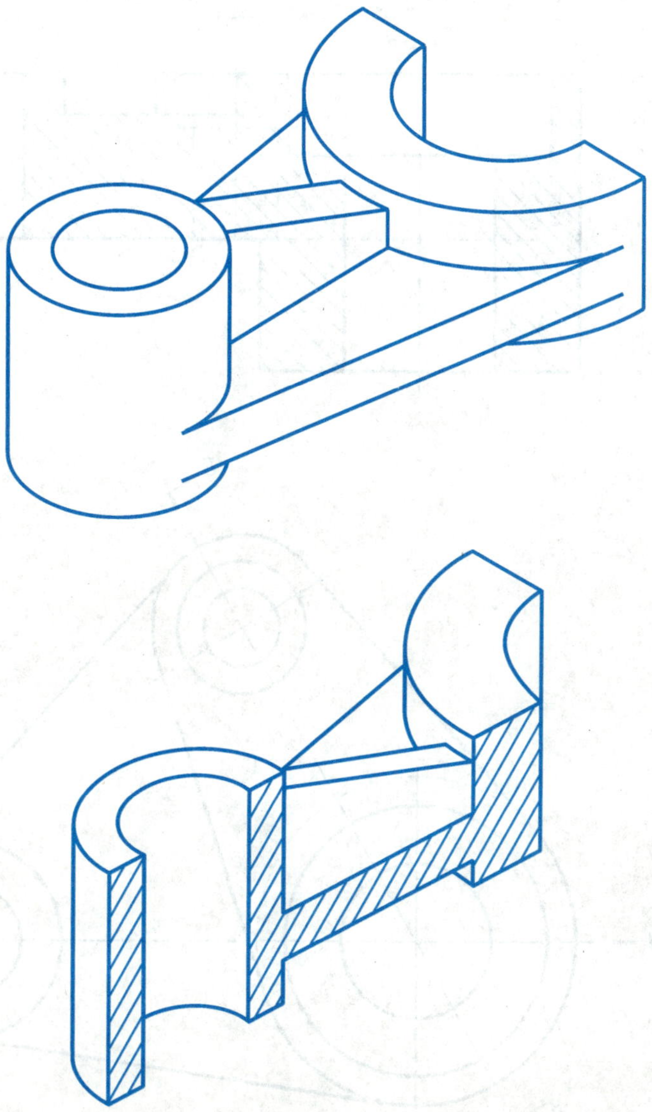

5-11 作 B—B 剖视图。

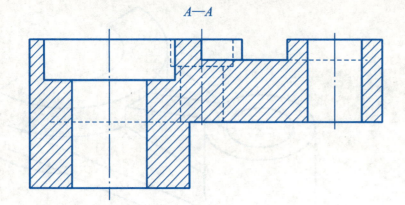

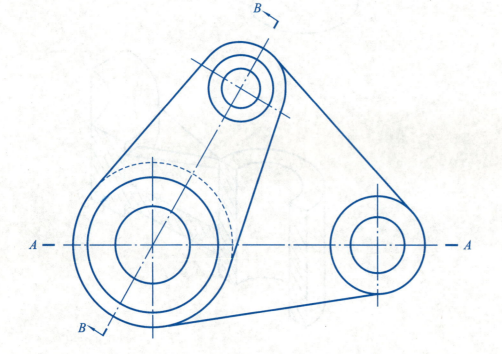

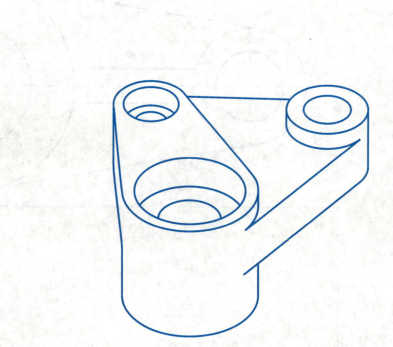

5-12 在剖视图中标注尺寸，尺寸值从图中按 1:1 量取并取整。

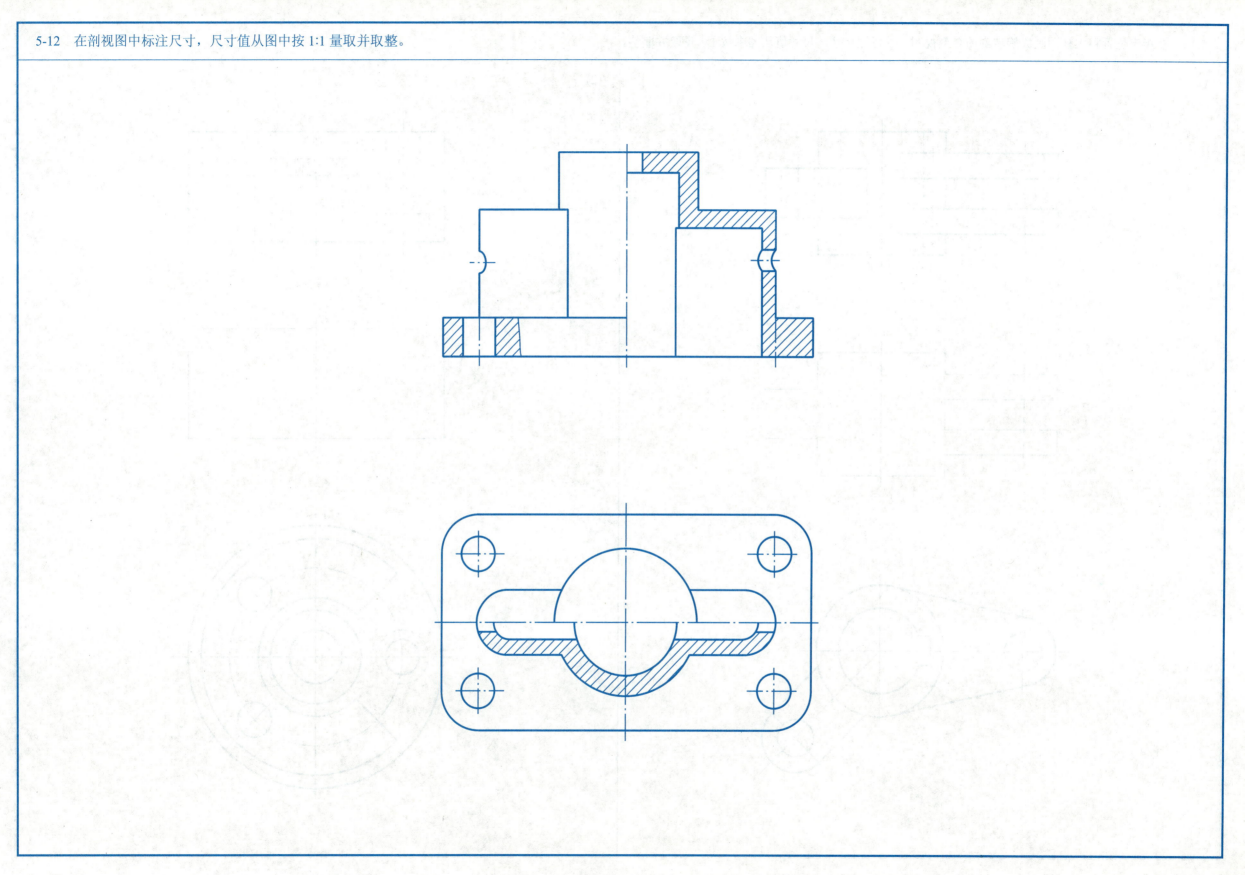

5-13 在指定位置将主视图画成旋转剖的全剖视图，并标注尺寸，尺寸值从图中按 1:1 量取并取整。

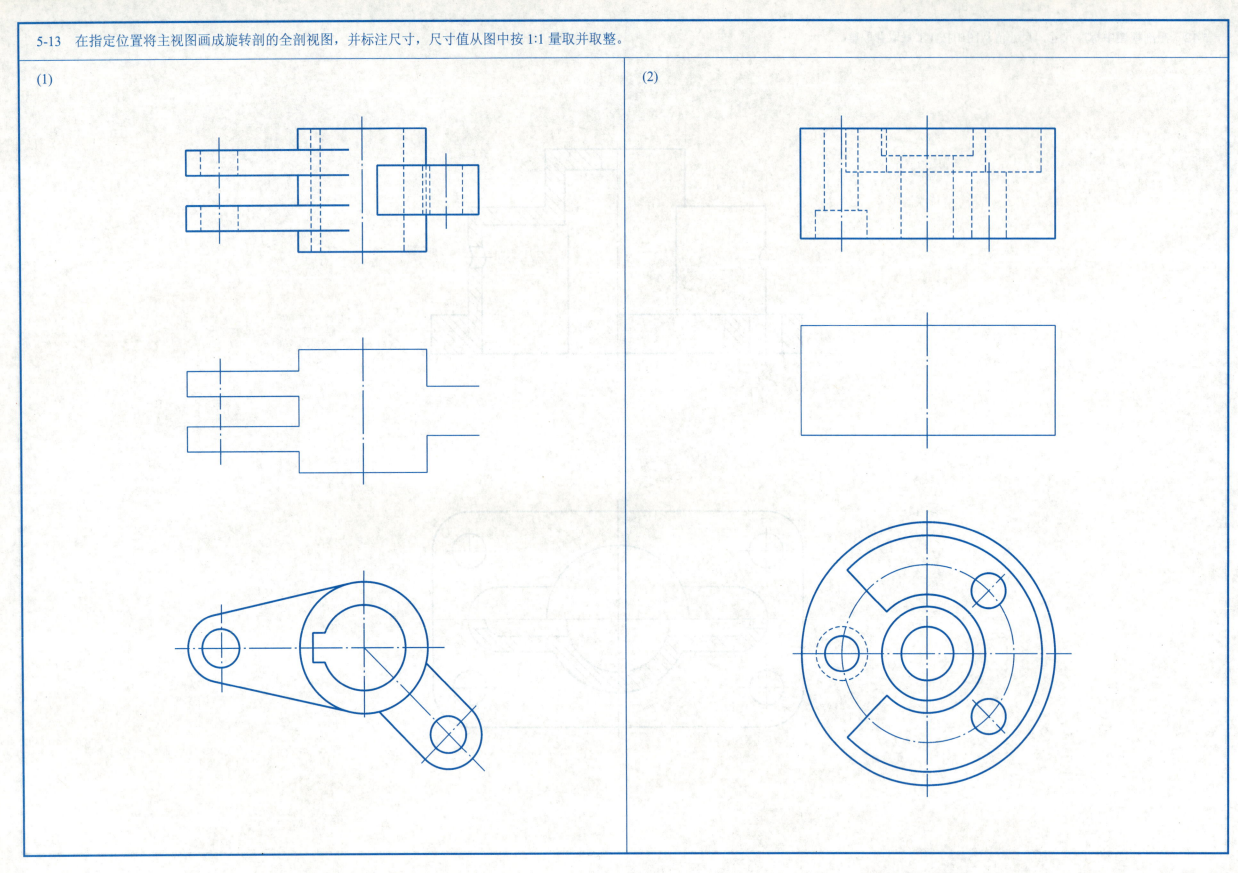

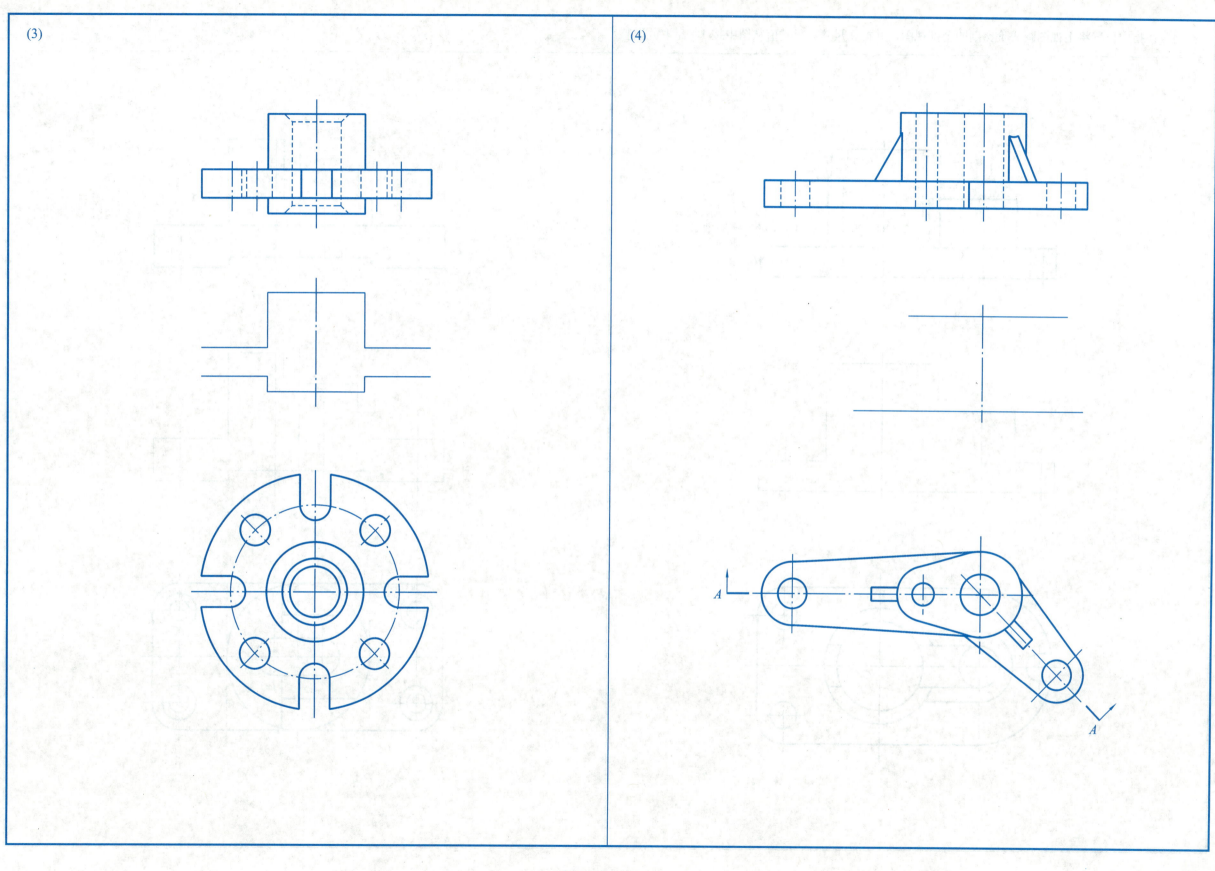

5-14 在指定位置将主视图画成阶梯剖的全剖视图，并标注尺寸，尺寸值从图中按 1:1 量取并取整。

(1)

(2)

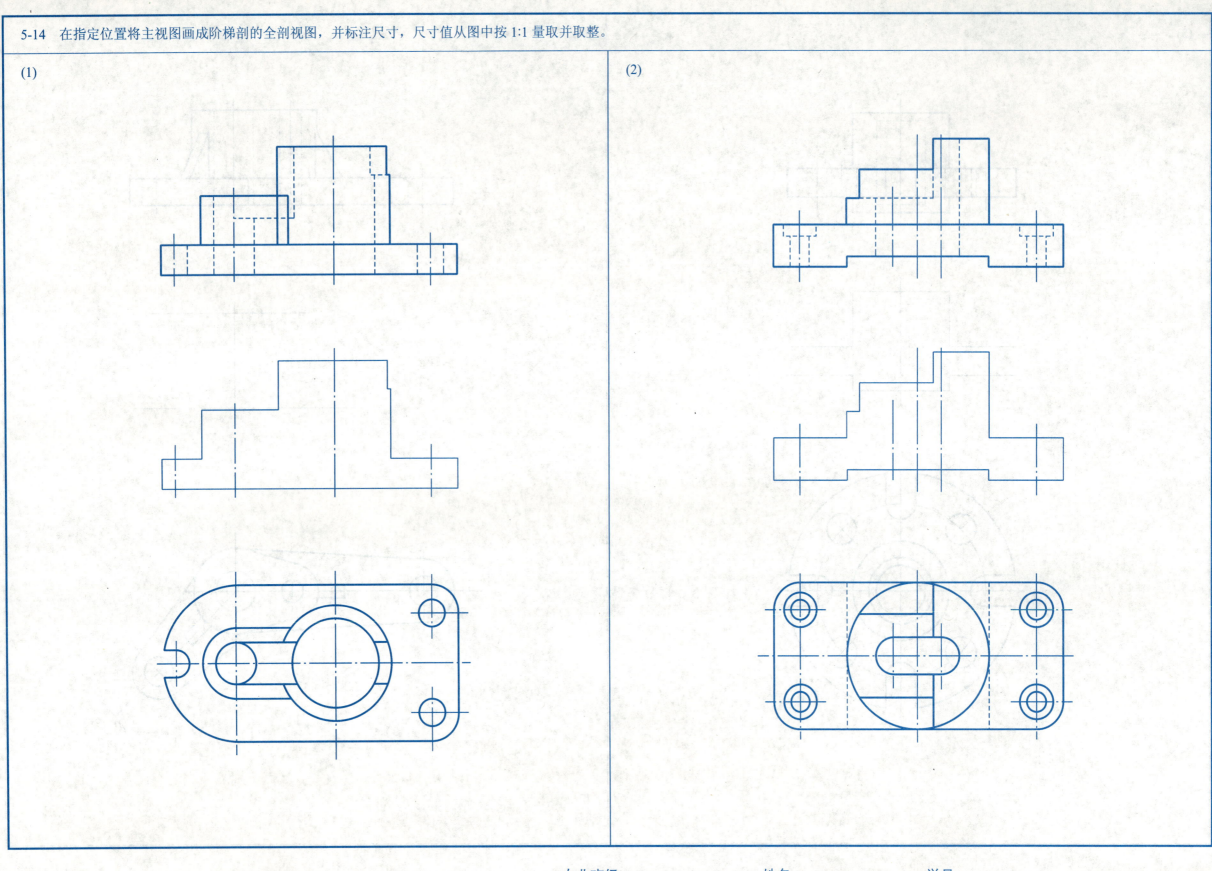

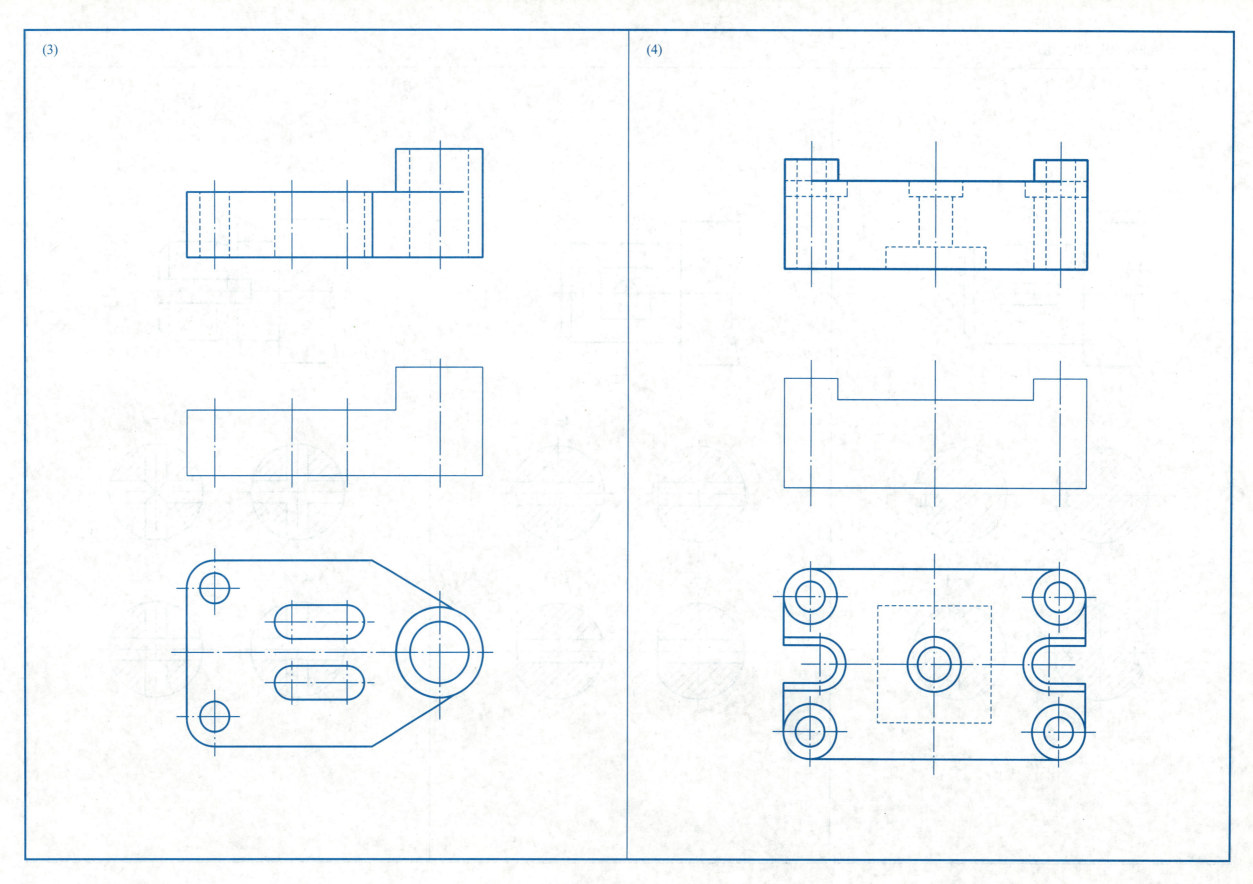

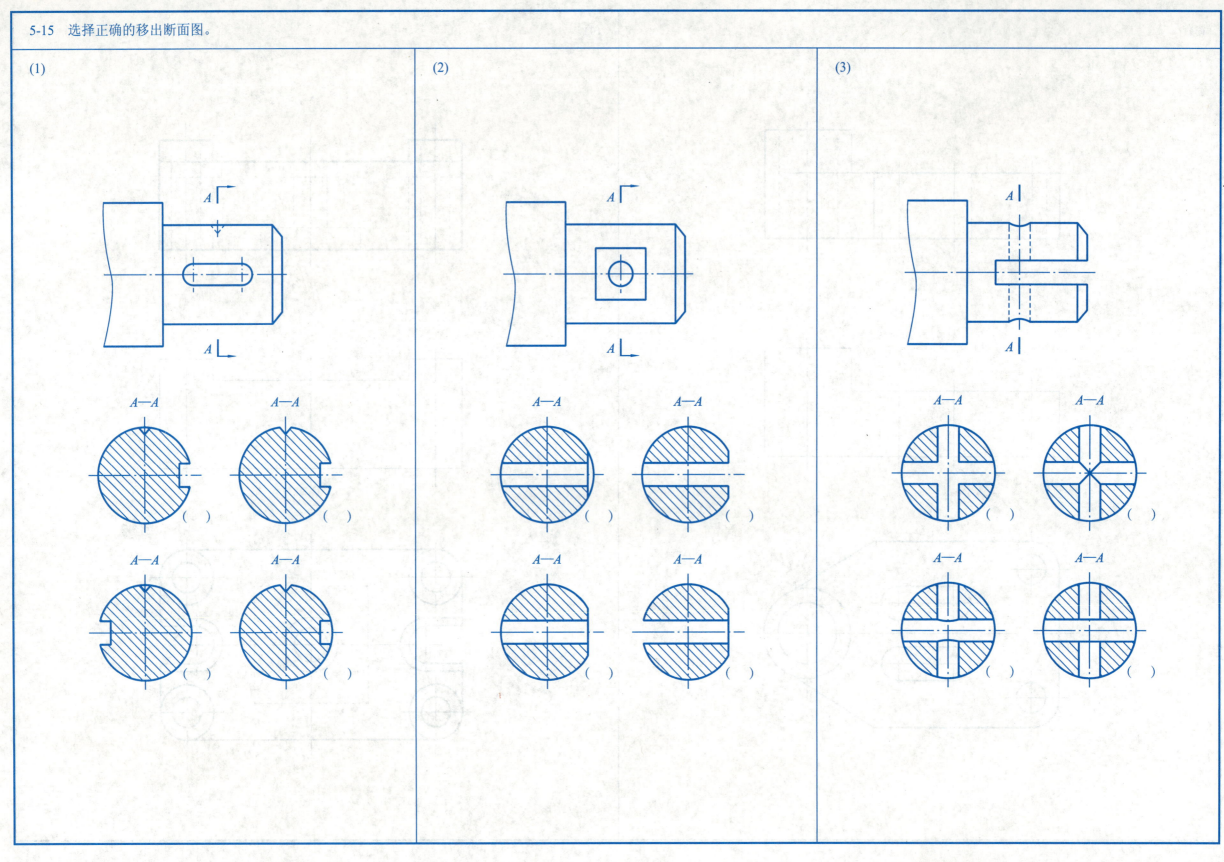

5-16 按剖切位置画出断面图,并标出名称。

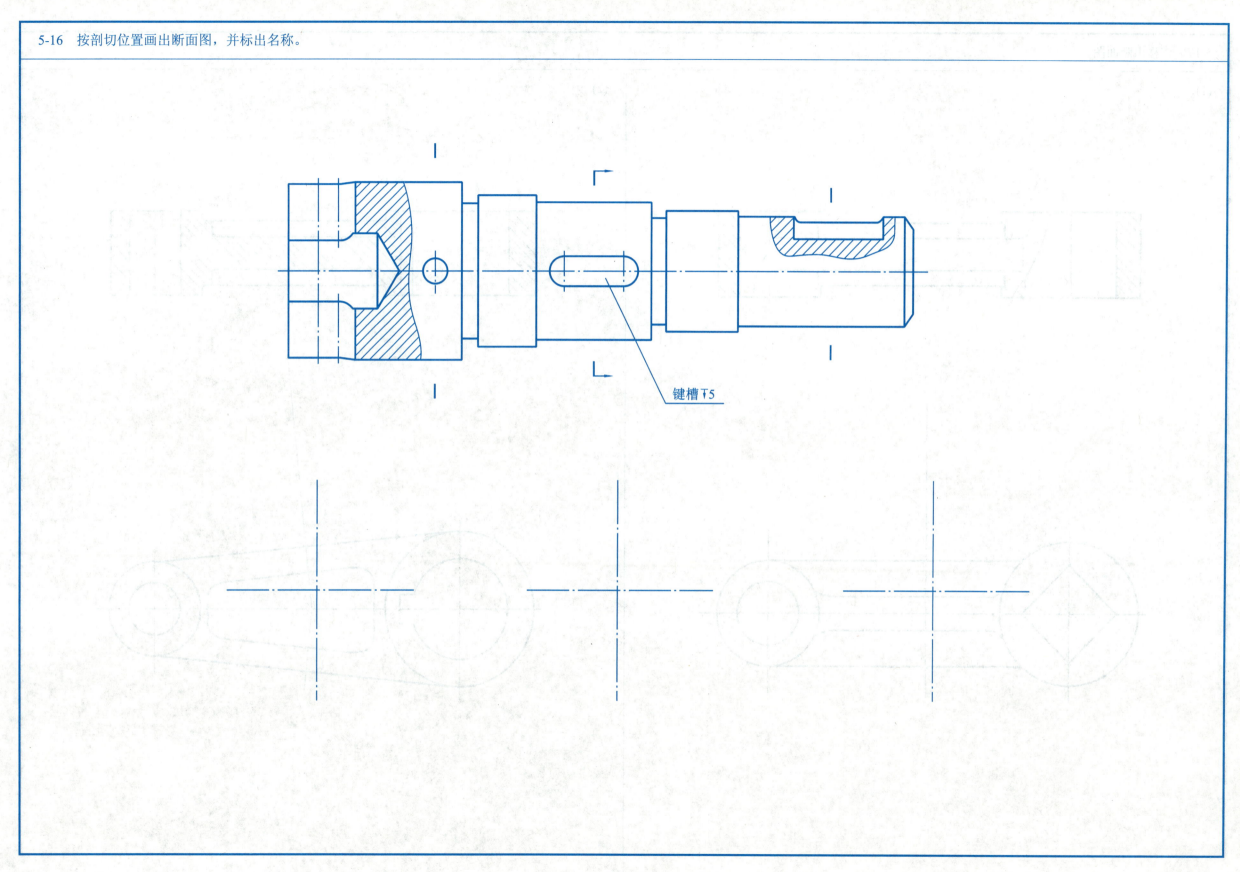

键槽T5

5-17 作移出断面图。

(1) (2)

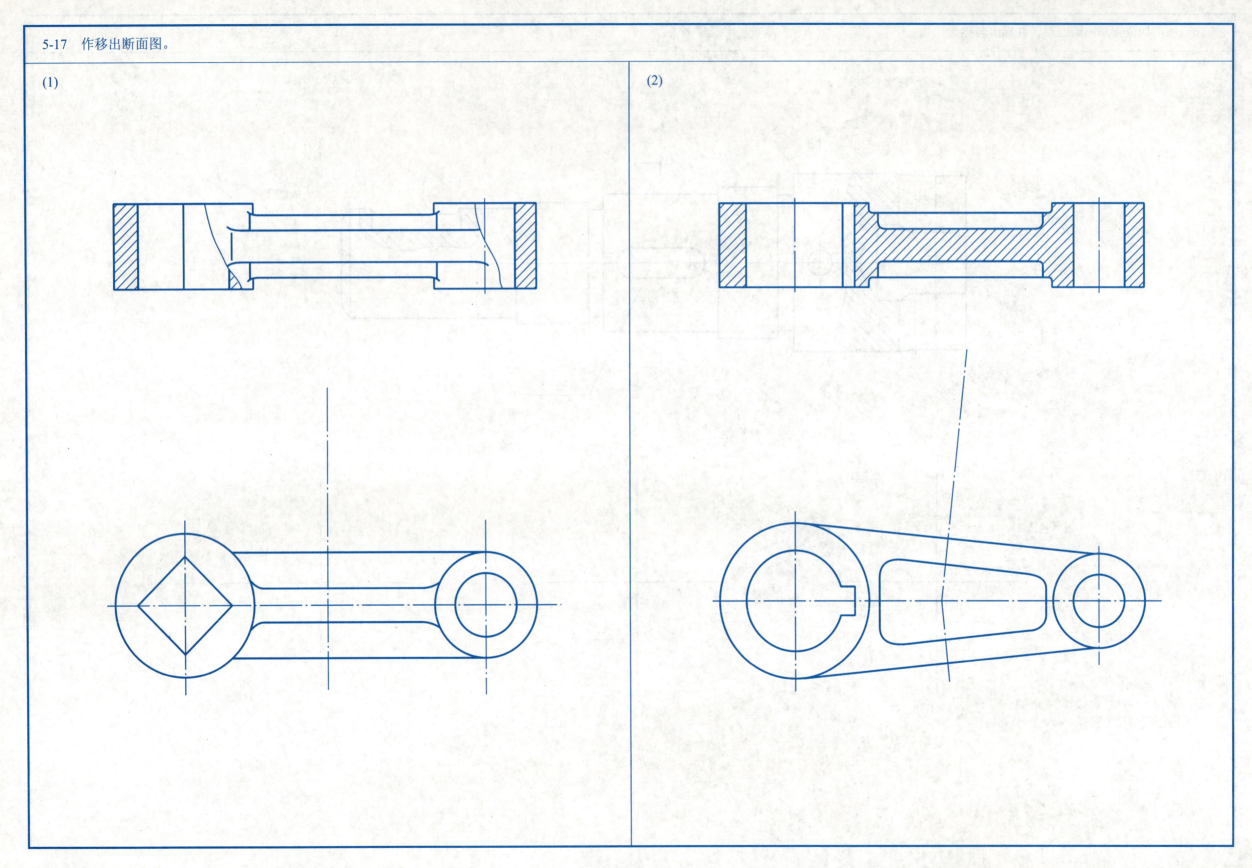

5-18 看懂两视图，在指定位置画出 A—A、B—B 剖视图、C 向局部视图和 D 向视图。

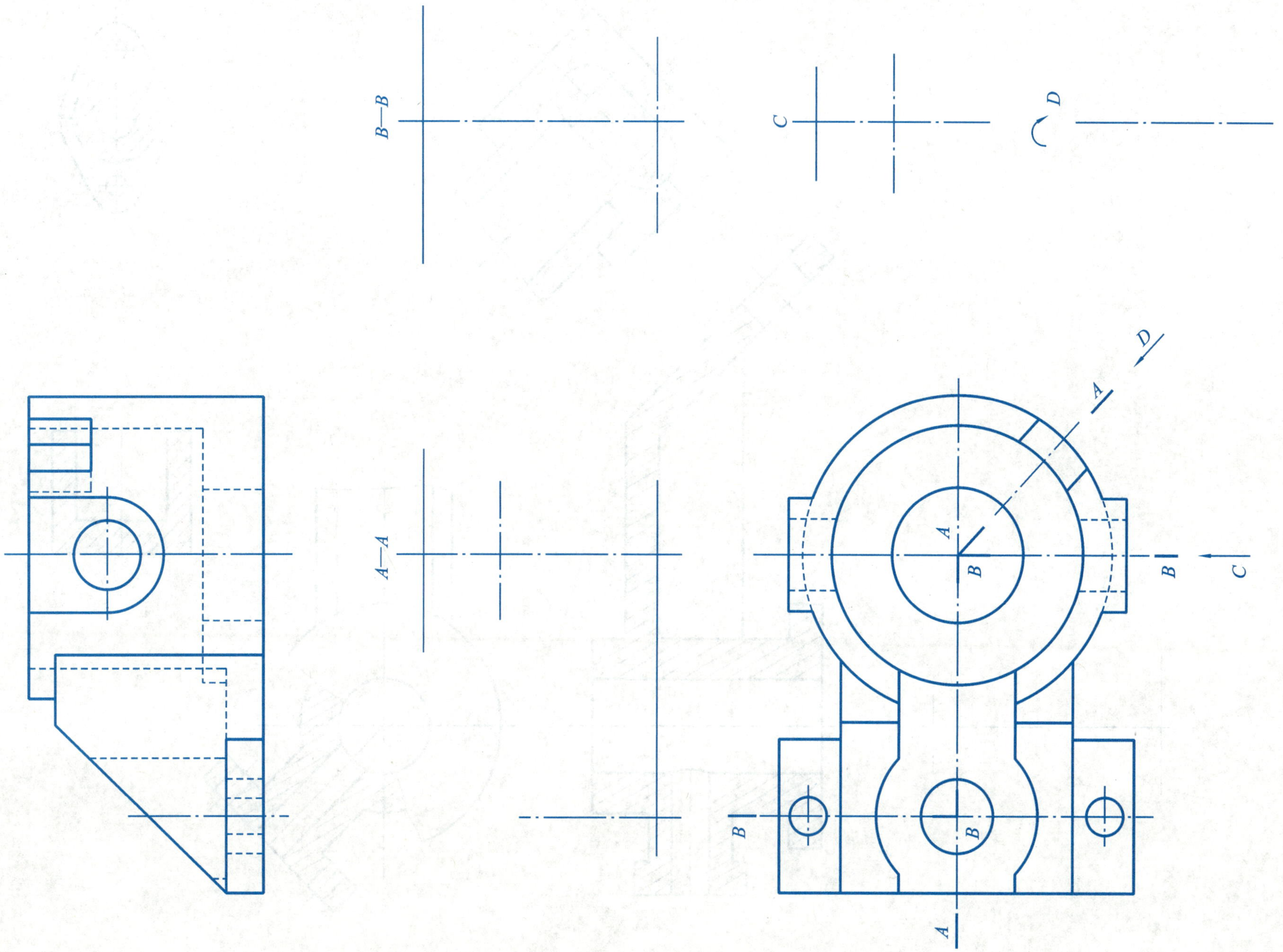

专业班级　　　　姓名　　　　学号

5-19 看懂图形所表达的机件的结构形状，给需要标注的图形补上标注，并在指定位置把主视图画成立体图。

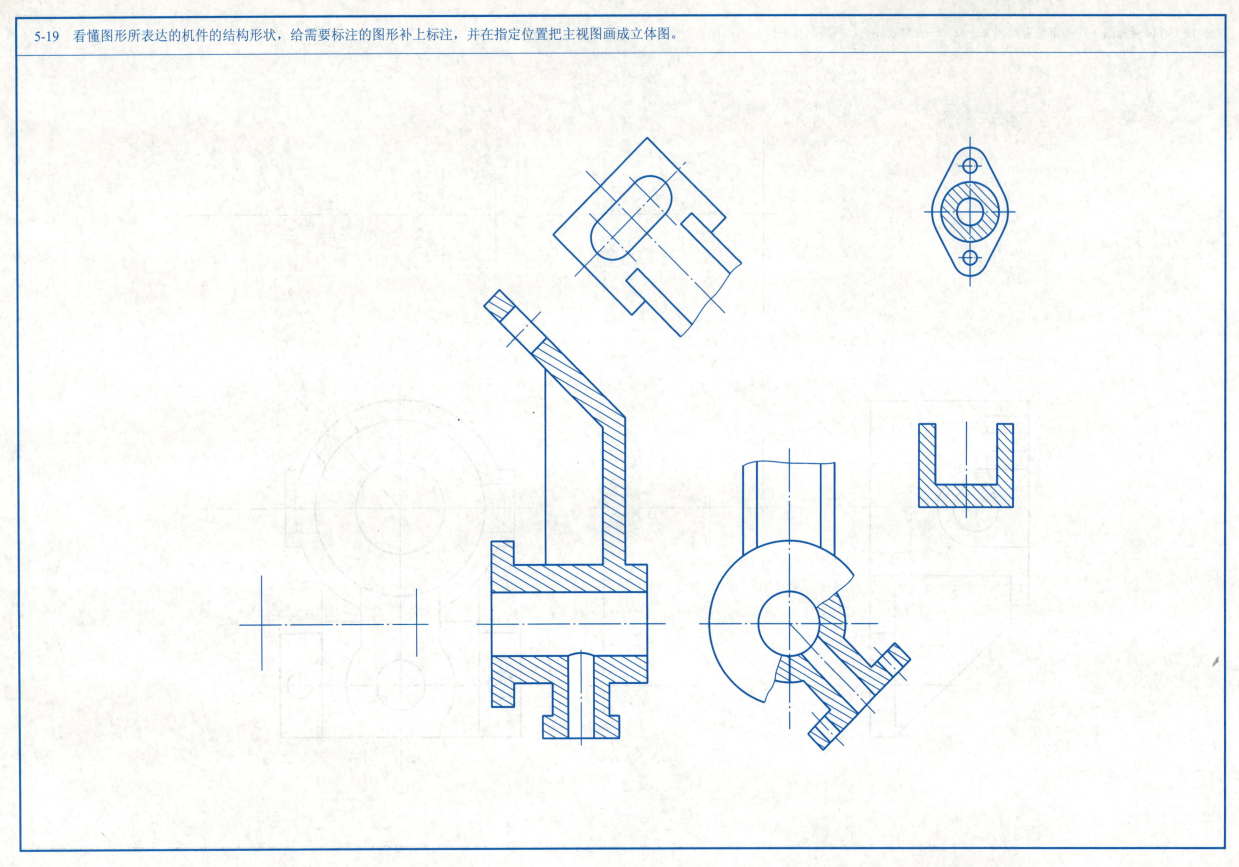

5-20 参照轴测图，将机件视图补充表达完整、清楚，并按 1:1 标注尺寸。

(1)

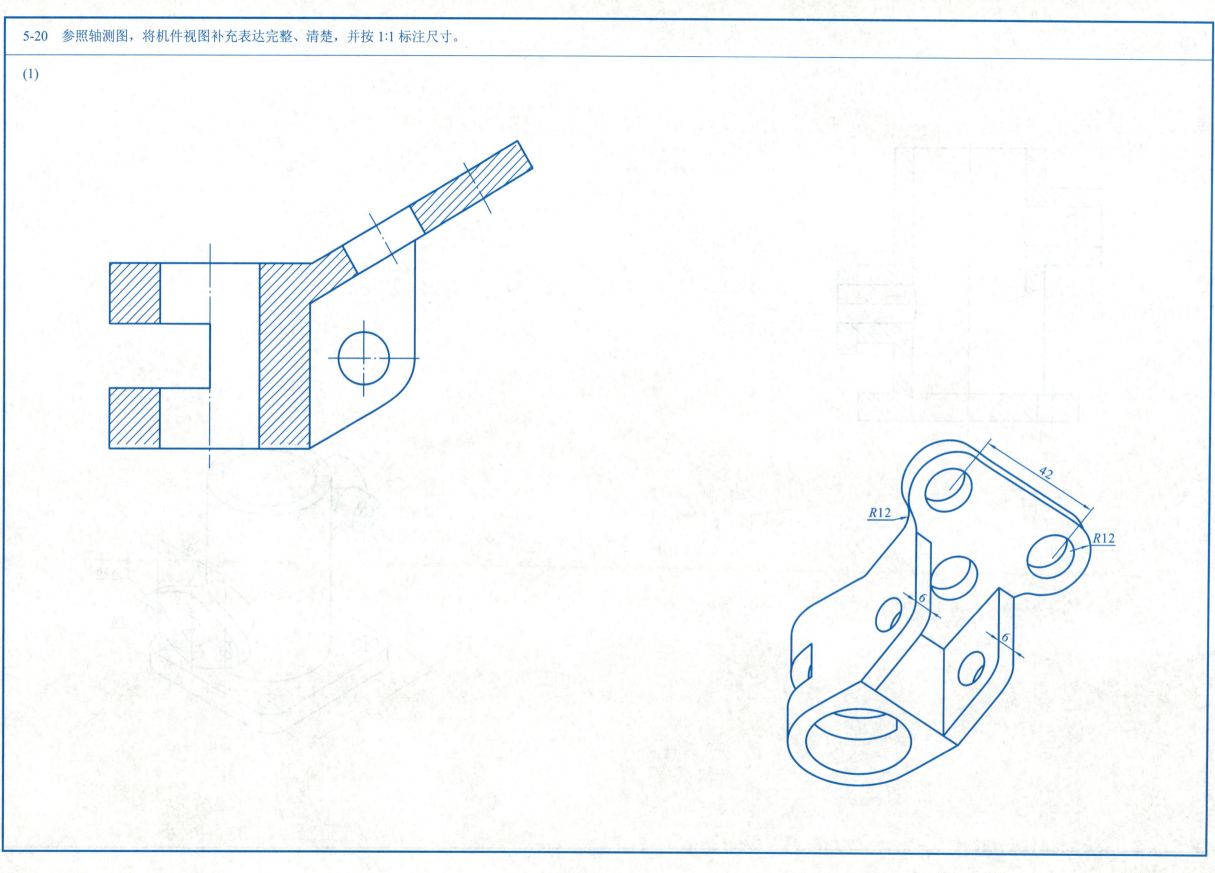

(2)

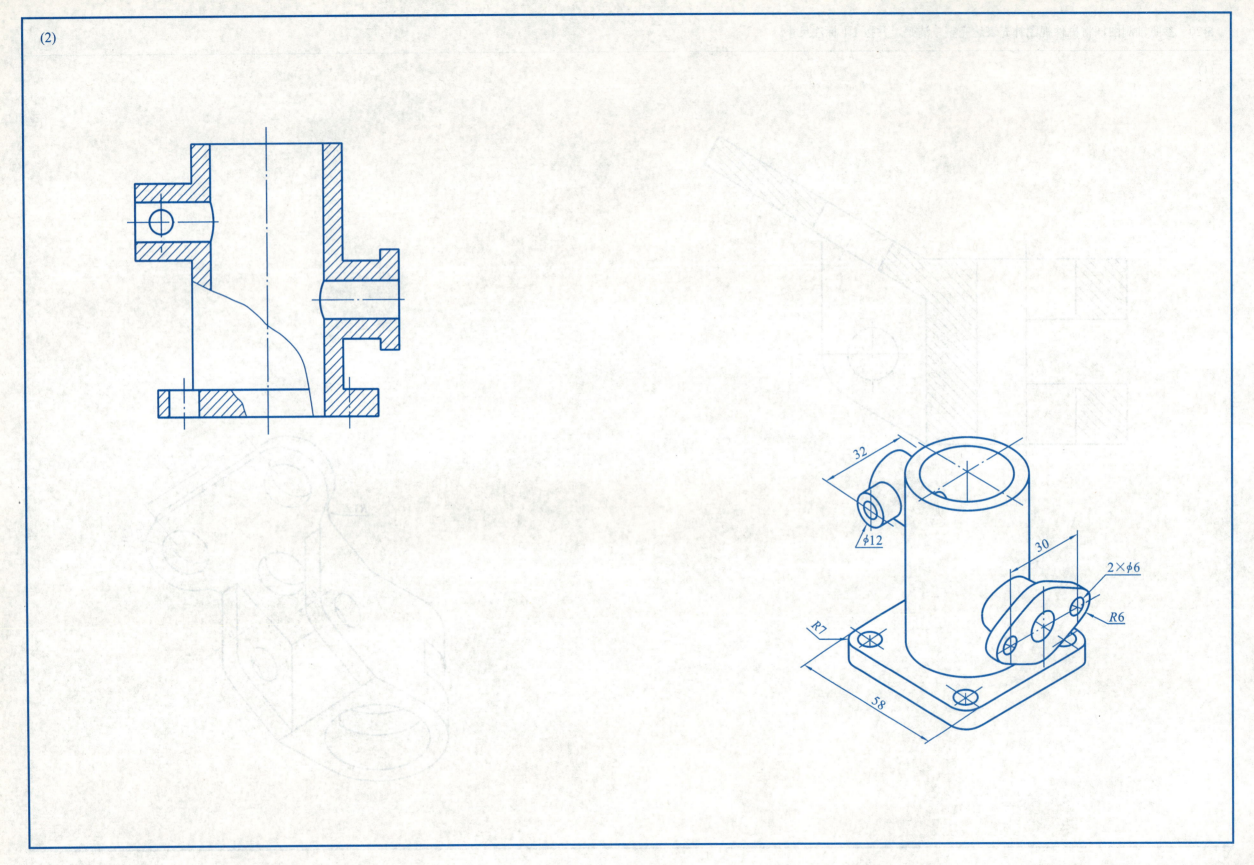

# 第 6 章 标准件与常用件

6-1 已知螺杆的螺纹长度为 20 mm，左端倒角为 C 1.5，请按 1:1 的比例完成下列三个视图（螺纹小径按大径的 85% 绘制）。

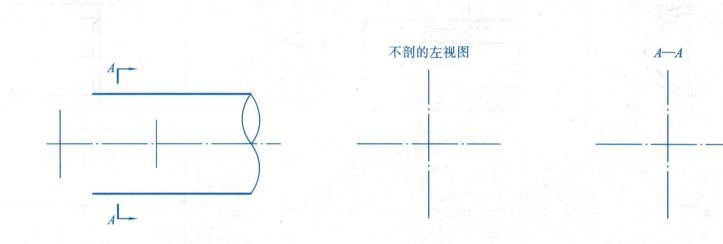

6-2 已知下图螺纹为通孔，其大径为 20 mm，两端倒角均为 C 1.5，请按 1:1 的比例完成下列三个视图（螺纹小径按大径的 85% 绘制）。

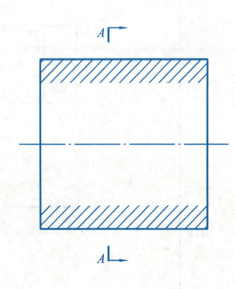 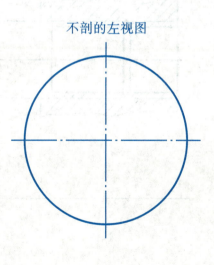 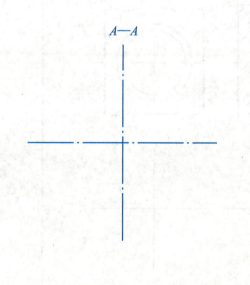

6-3 分析下列螺纹画法中的错误，并在指定位置画出正确的螺纹视图。

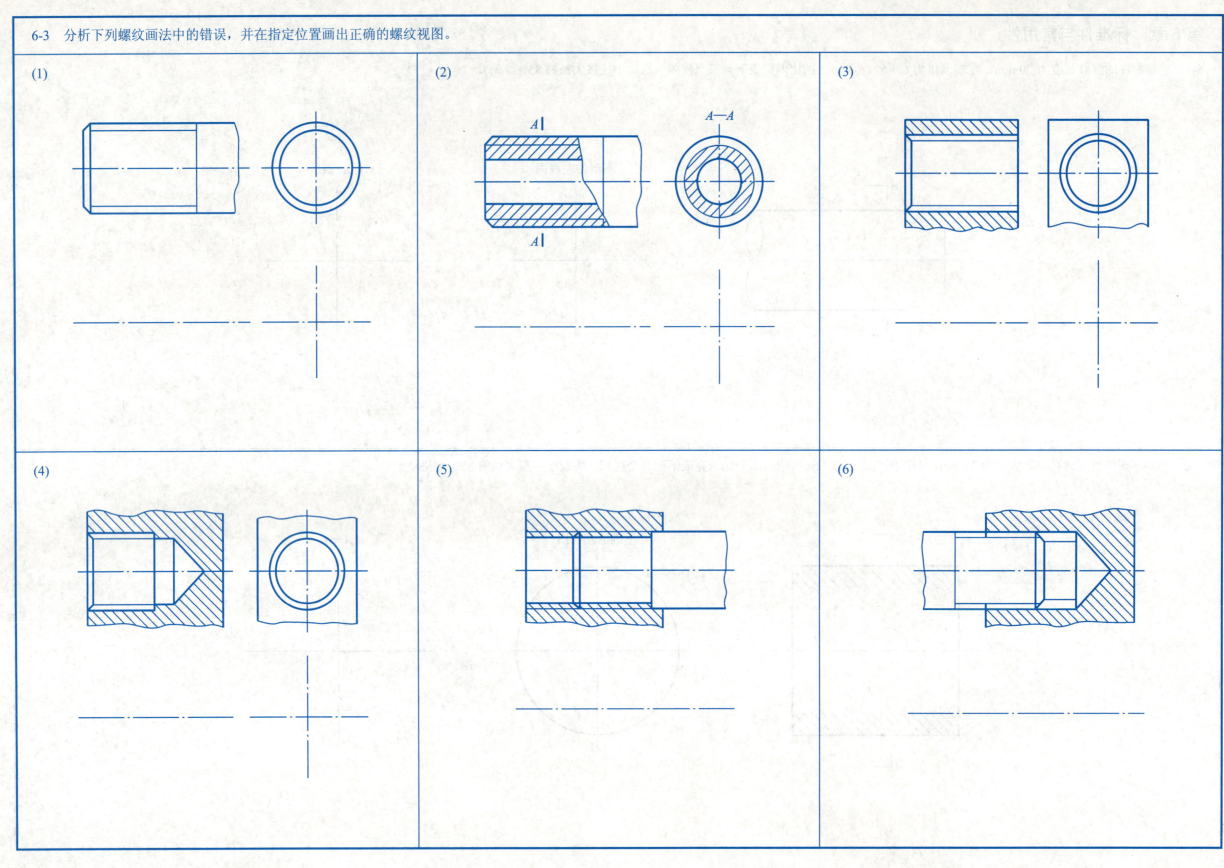

6-4 根据给定的螺纹标记，查表后填写下表。

| 螺纹标记 | 螺纹种类 | 内、外螺纹 | 大径/mm | 小径/mm | 导程/mm | 螺距/mm | 公差带 中径 | 公差带 顶径 | 旋合长度 | 旋向 |
|---|---|---|---|---|---|---|---|---|---|---|
| M20—6g | 粗牙普通螺纹 | 外 | 20 | 17.294 | 2.5 | 2.5 | 6g | 6g | 中等 | 右 |
| M12×1—6H | 细牙普通螺纹 | 内 | 12 | 10.917 | 1 | 1 | 6H | 6H | 中等 | 右 |
| M16—6g—LH | 粗牙普通螺纹 | 外 | 16 | 13.835 | 2 | 2 | 6g | 6g | 中等 | 左 |
| M30—6H | 粗牙普通螺纹 | 内 | 30 | 26.211 | 3.5 | 3.5 | 6H | 6H | 中等 | 右 |
| M32—7g6g—L | 粗牙普通螺纹 | 外 | 32 | 28.211 | 3.5 | 3.5 | 7g | 6g | 长 | 右 |
| M8×1—5H—S—L | 细牙普通螺纹 | 内 | 8 | 6.917 | 1 | 1 | 5H | 5H | 短 | 左 |
| Rc 2 1/2 LH | 55°密封圆锥内管螺纹 | 内 | 75.184 | 72.699 | 2.309 | 2.309 | — | — | — | 左 |
| Rp4 | 55°密封圆柱内管螺纹 | 内 | 113.030 | 110.446 | 2.309 | 2.309 | — | — | — | 右 |
| R1 3/4 LH | 55°密封圆锥外管螺纹 | 外 | 53.746 | 51.162 | 2.309 | 2.309 | — | — | — | 左 |
| G1 1/4 A | 55°非密封圆柱管螺纹 | 外 | 41.910 | 39.326 | 2.309 | 2.309 | A | A | — | 右 |
| G1 1/4 LH | 55°非密封圆柱管螺纹 | 内 | 41.910 | 39.326 | 2.309 | 2.309 | — | — | — | 左 |
| M10—6H7H—L | 粗牙普通螺纹 | 内 | 10 | 8.376 | 1.5 | 1.5 | 6H | 7H | 长 | 右 |

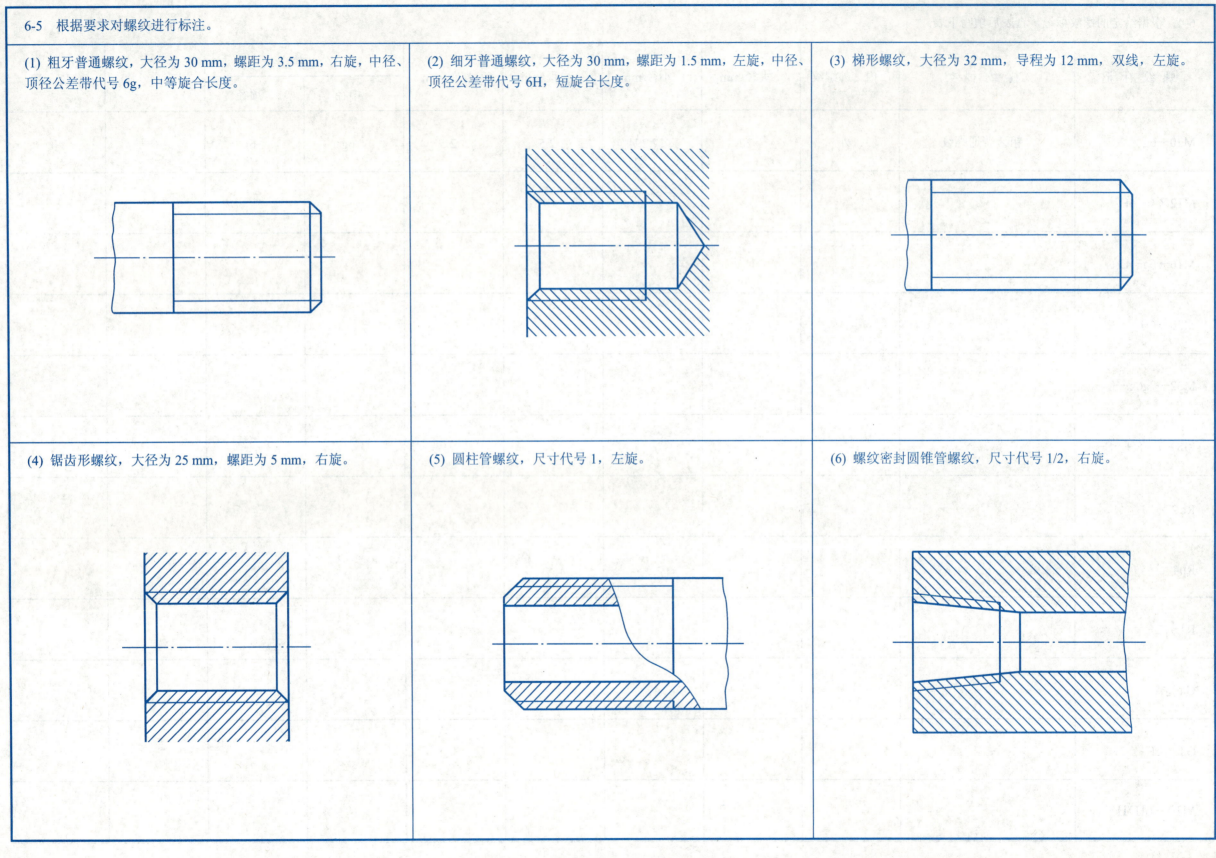

6-6 分析下列螺纹紧固件画法中的错误，并在指定位置画出正确的图样。

(1) (2) (3)

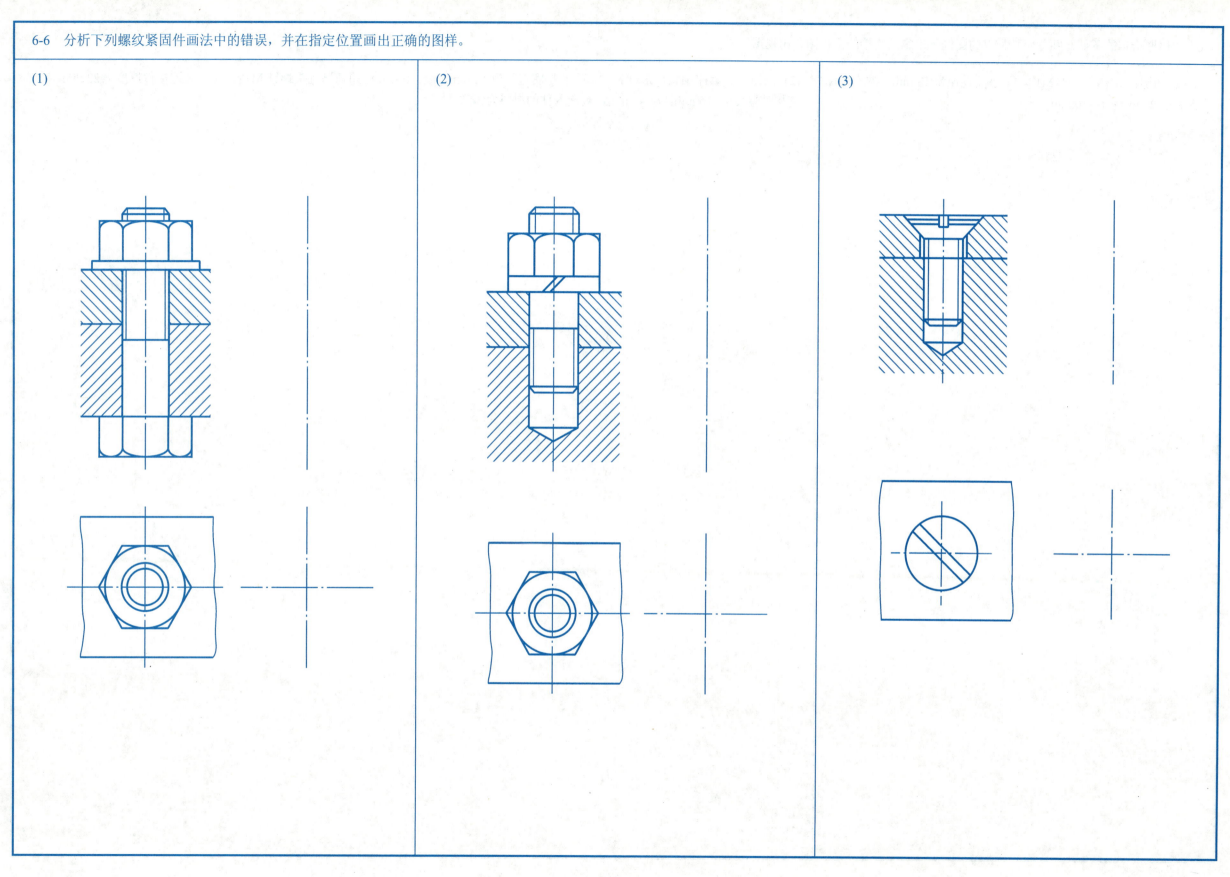

专业班级　　　　　姓名　　　　　学号

6-7 根据给定的条件，并参照教材上的图例画出螺纹连接的主视图和俯视图。

(1) 已知螺栓 M18，螺母 M18，平垫圈直径为 18 mm，被连接件厚度 $t_1$=21 mm，$t_2$=26 mm。

(2) 已知双头螺柱 M12，螺母 M12，弹簧垫圈直径为 12 mm，被连接件厚度 $t_1$=16 mm，$t_2$=40 mm，被旋入件的材料为铸铁。

(3) 已知开槽沉头螺钉 M12×50，被连接件厚度 $t$=22 mm。

6-8 用比例画法画出螺纹连接件的两个视图。

(1) 螺钉 GB/T 71—1985 M12×50。

(2) 螺钉 GB/T 68—2000 M10×30。

(3) 螺栓 GB/T 5782—2000 M12×40。

(4) 螺母 GB/T 6170—2000 M12。

专业班级　　　　姓名　　　　学号

6-9 分析螺栓连接三视图中的错误,并补全所缺的图线。

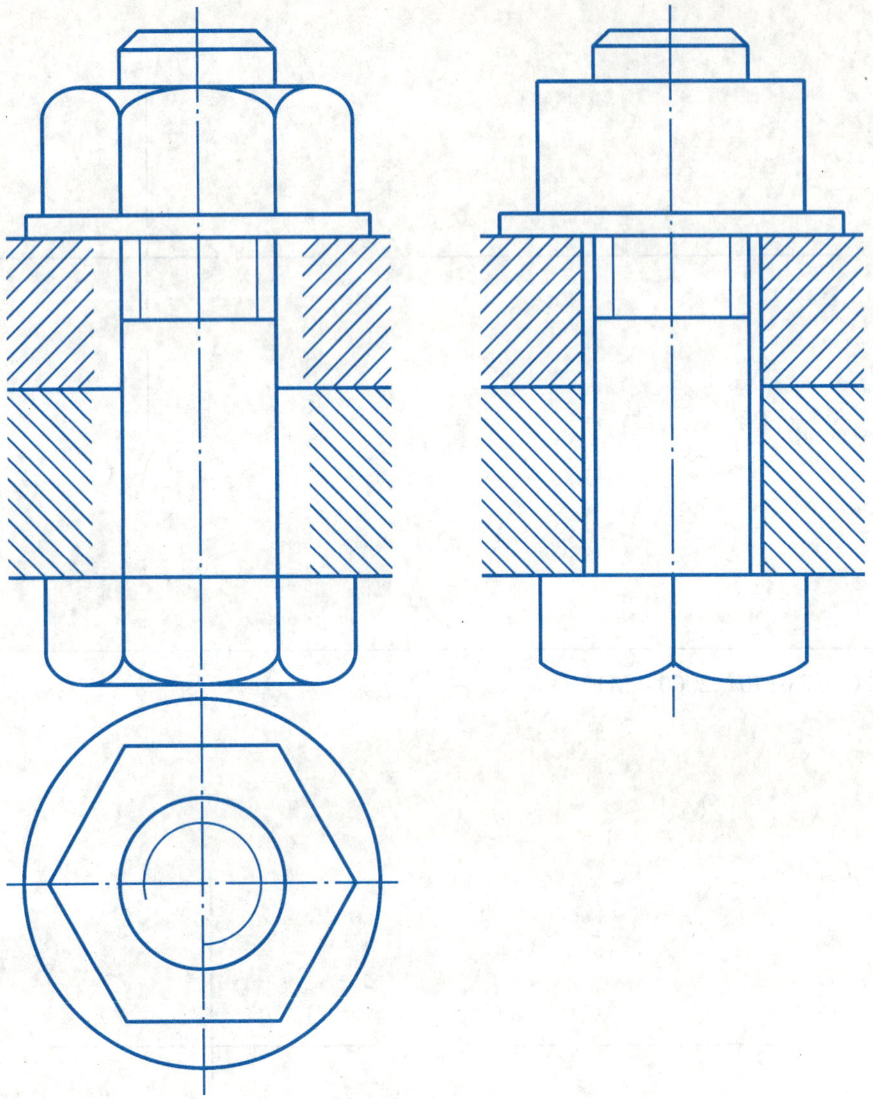

6-10 分析螺钉连接两视图中的错误,并将正确的图形画在右边。

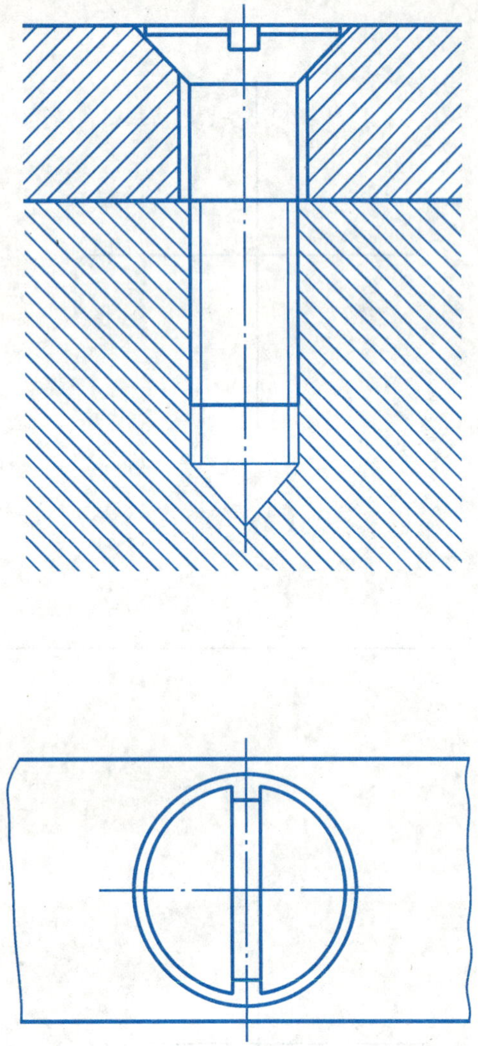

·100·  专业班级     姓名     学号

6-11 直齿圆柱齿轮画图练习。

**已知模数 $m=5$，齿数 $z=40$，试计算有关结构参数 $d$、$d_a$、$d_f$。按 1:2 的比例完成下图中齿轮部分的绘图，并标注尺寸。**

$d=$ _____ , $d_a=$ _____ , $d_f=$ _____ 。

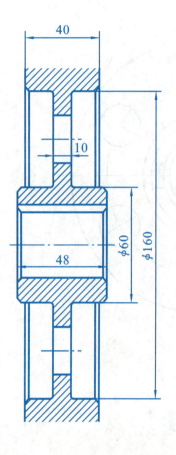
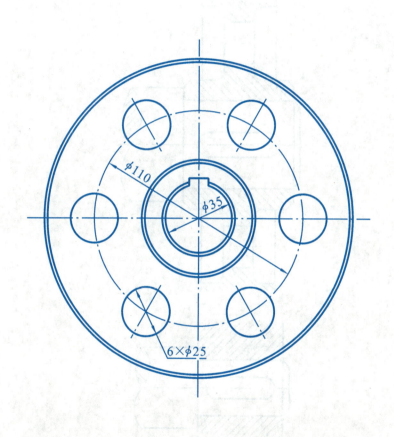

6-12 直齿圆柱啮合齿轮画图练习。

已知两啮合齿轮的模数 $m = 5$，大齿轮 $z_2 = 38$，两齿轮的中心距 $a = 120$ mm，试计算大小两齿轮分度圆、齿顶圆及齿根圆的直径，并按 1:2 的比例完成下图中直齿圆柱齿轮的啮合图。

小齿轮：$d_1 =$ _____，$d_{a1} =$ _____，$d_{f1} =$ _____。大齿轮：$d_2 =$ _____，$d_{a2} =$ _____，$d_{f2} =$ _____。

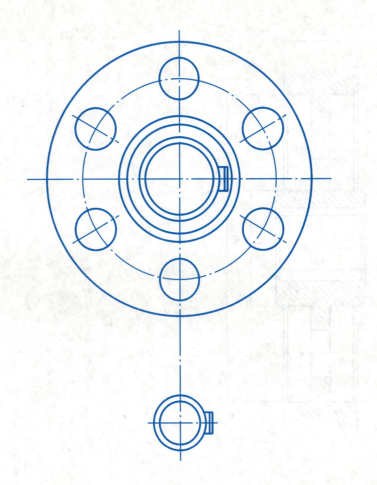

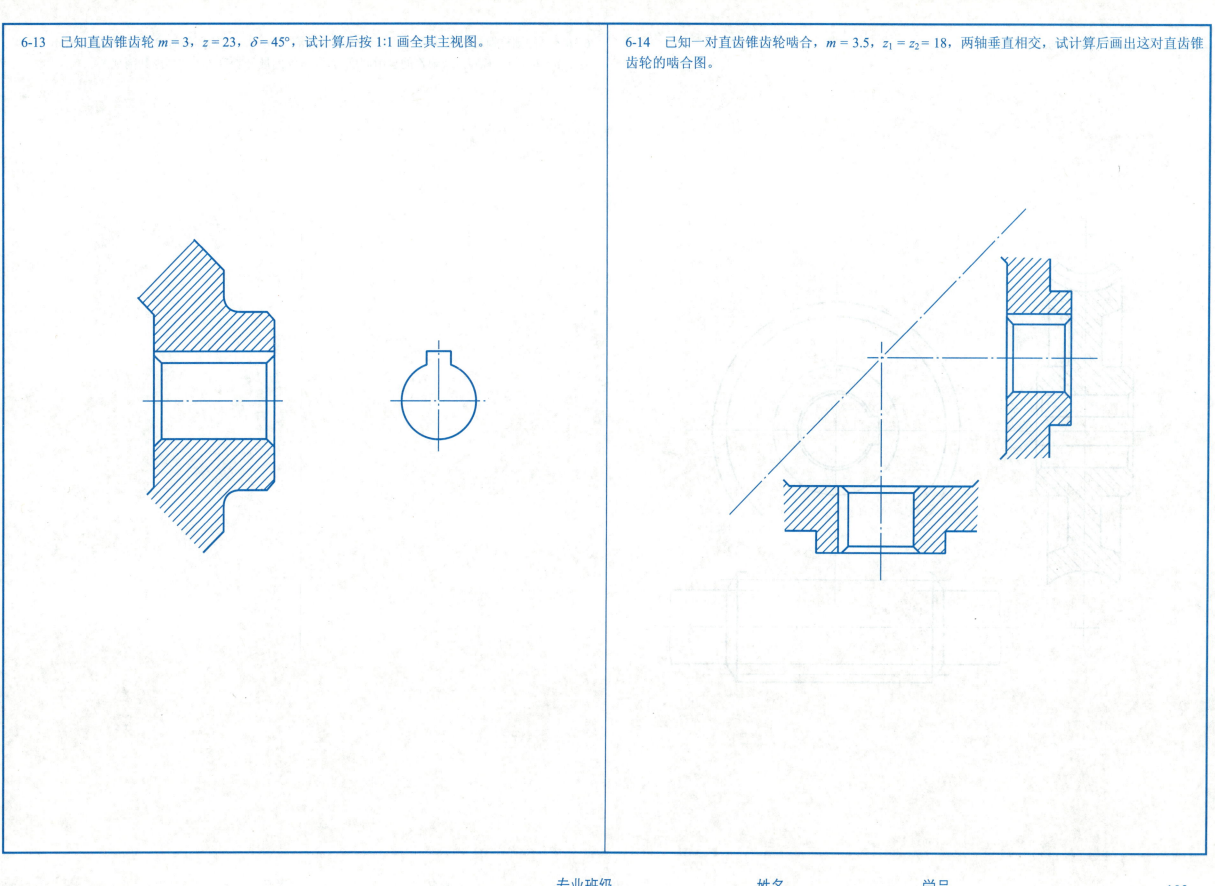

6-15 试完成下图蜗杆与蜗轮的啮合图。

6-16 已知圆柱螺旋压缩弹簧外径 $D=12$ mm，总圈数 $n_1=9.5$，支承圈 $n_2=2.5$，节距 $t=12$ mm，簧丝直径 $d=6$ mm，右旋，求弹簧的自由高度 $H_0$ 和簧丝的展开长度 $L$，并画出其剖视图。

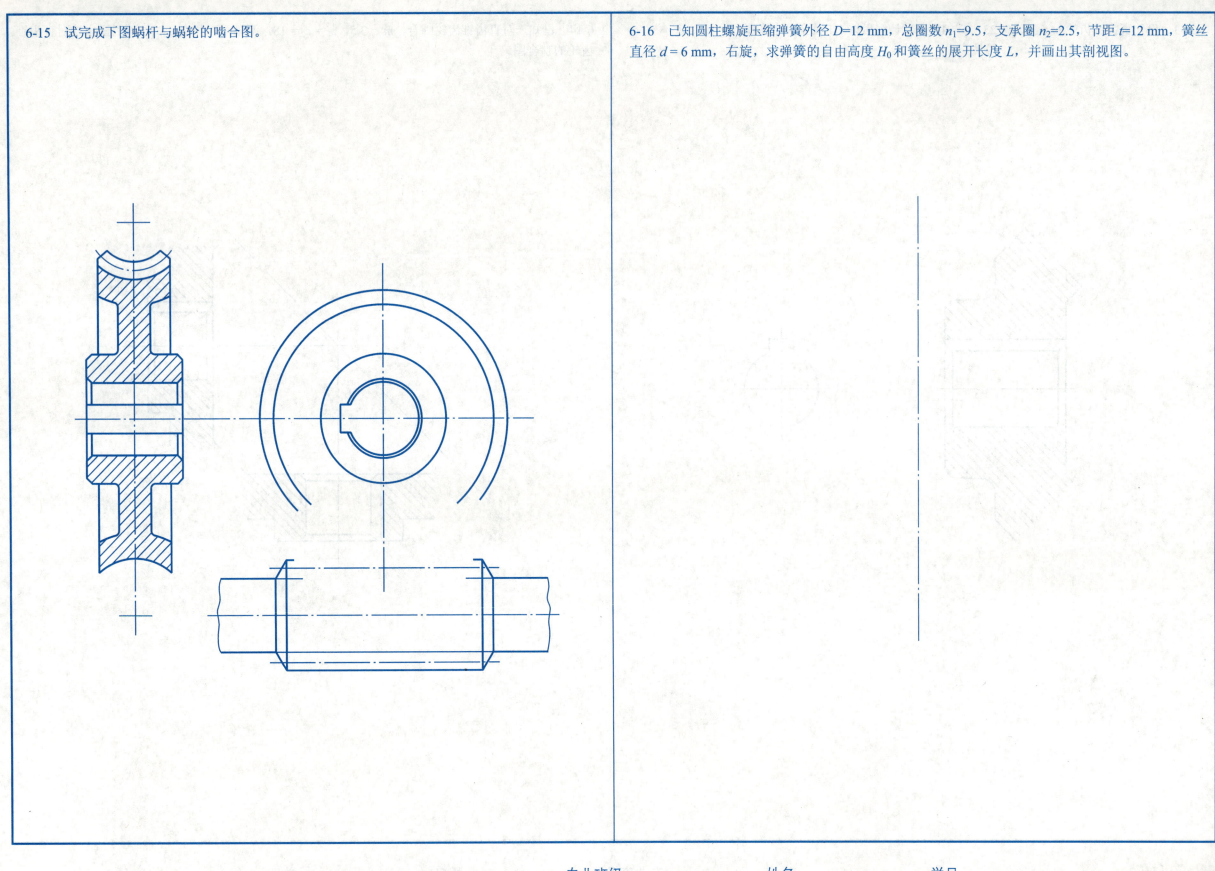

专业班级　　　姓名　　　学号

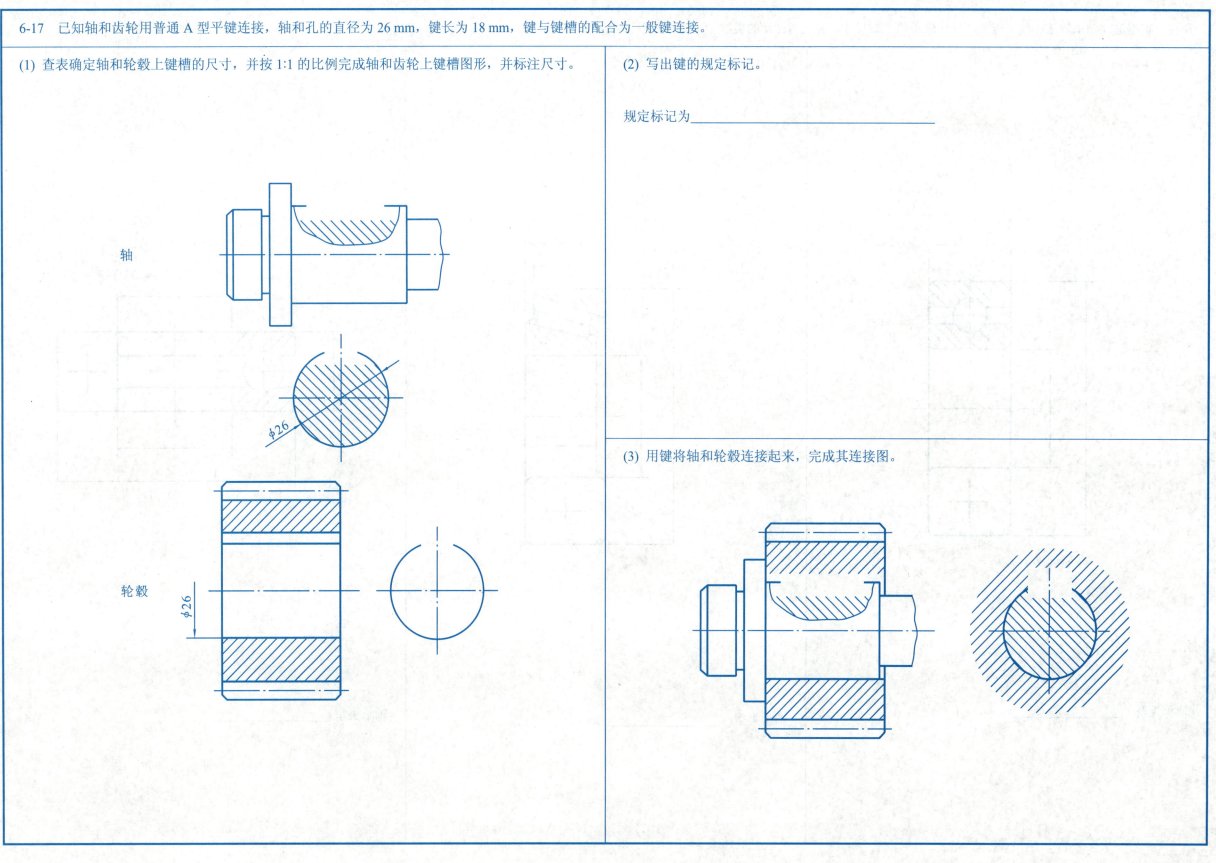

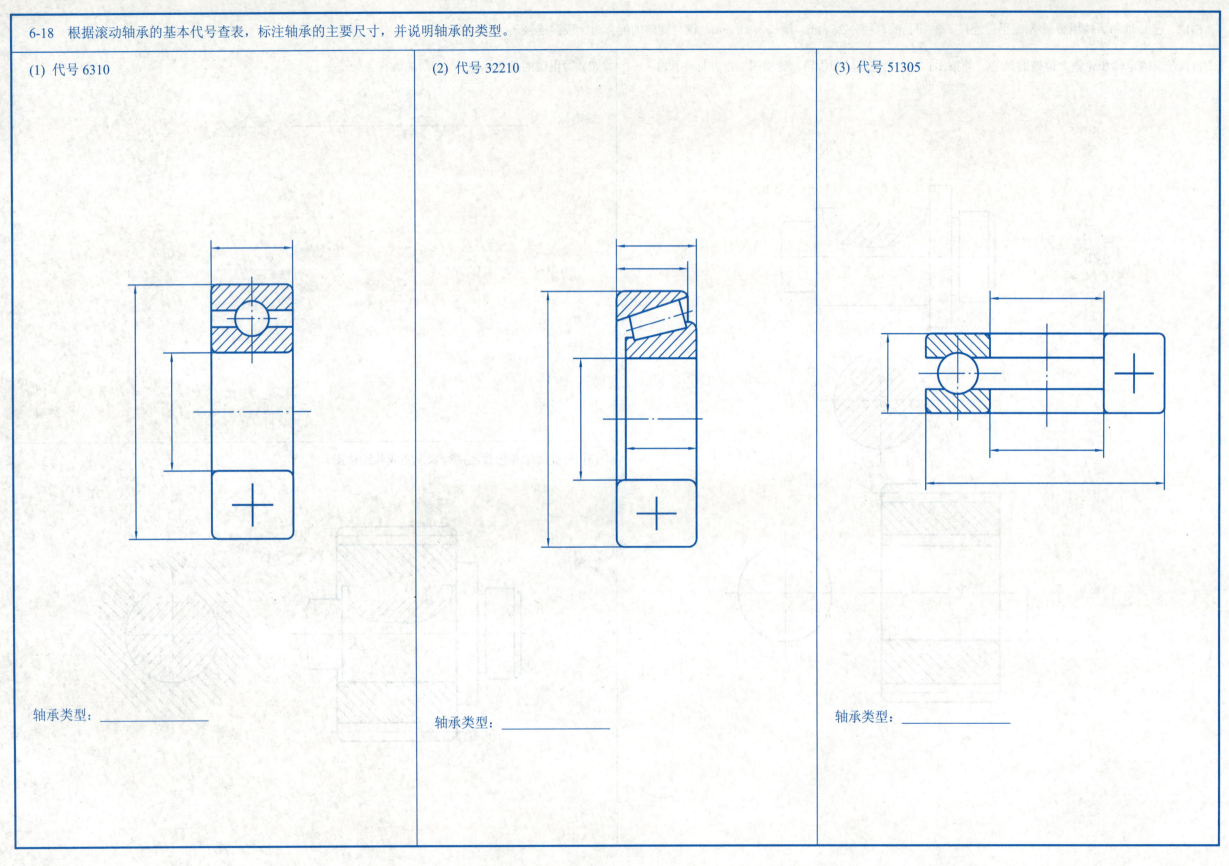

6-19 试用简化画法画出 6206 轴承(右端面紧靠轴肩 $A$)。

6-20 试用简化画法画出 30206 轴承(右端面紧靠轴肩 $A$)。

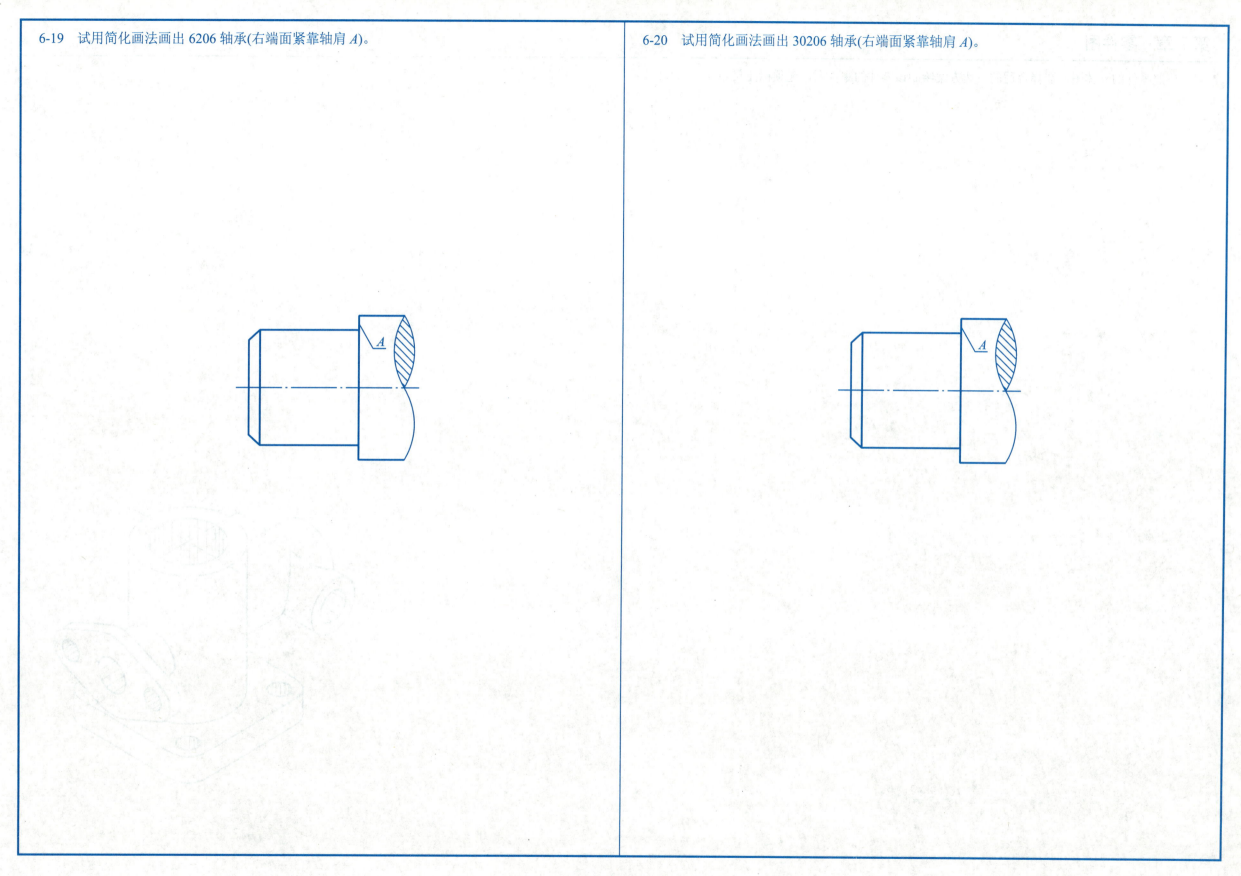

# 第 7 章 零件图

7-1 参照零件的立体图,选择合适的表达方案绘制该零件的零件图,无须标注尺寸。

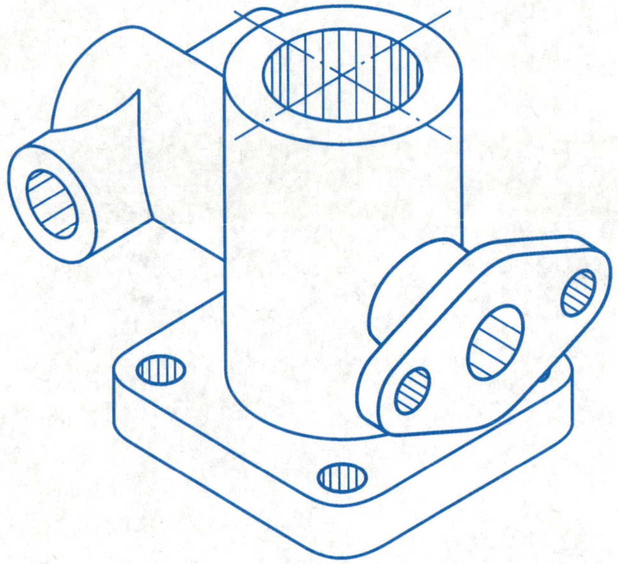

7-2 指出下列图中尺寸标注的错误，并作正确的标注。

(1)

(2)

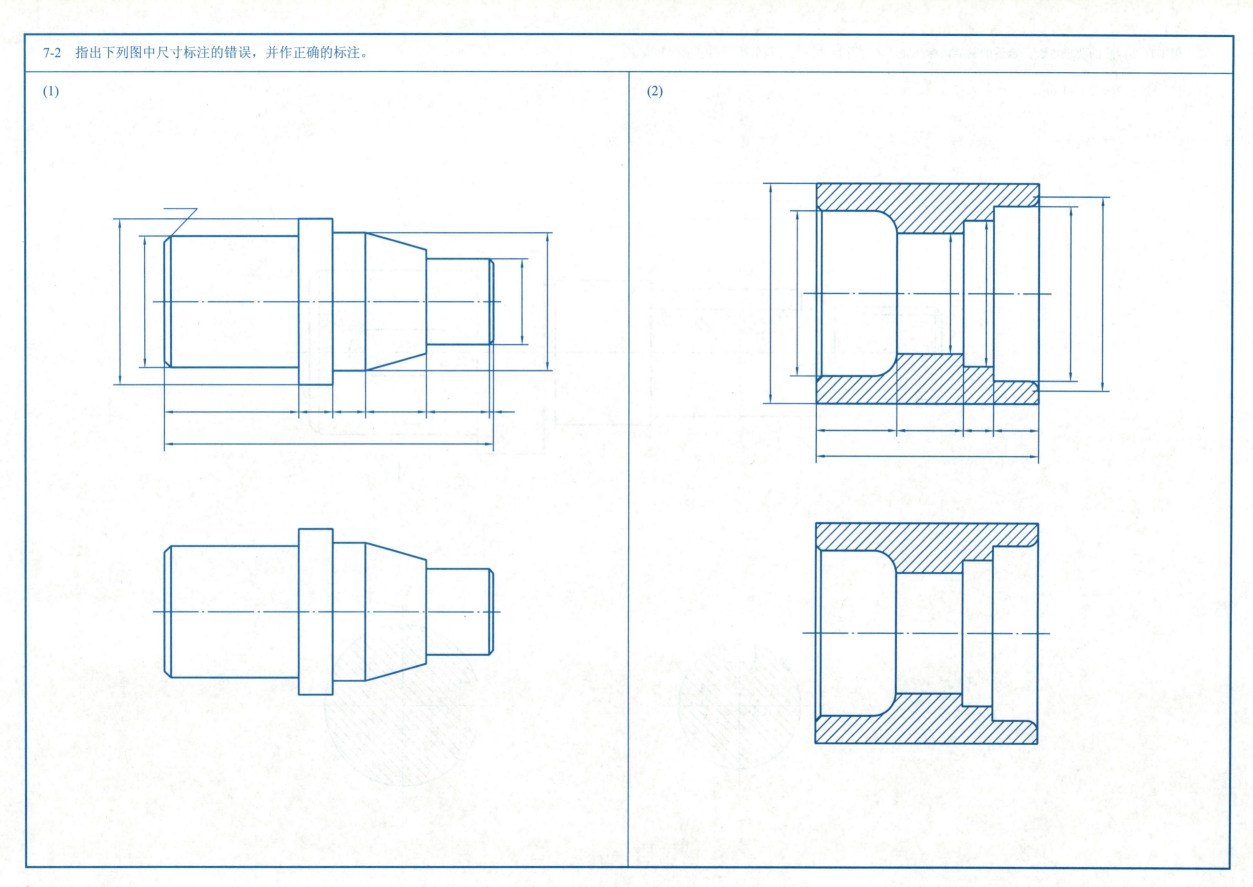

专业班级　　　　　姓名　　　　　学号

7-3 根据尺寸标注的要求，选择合适的基准，标注完整的零件尺寸，尺寸数值按照图中量取并取整。

(1) 图中外螺纹为 M16×1-6g。

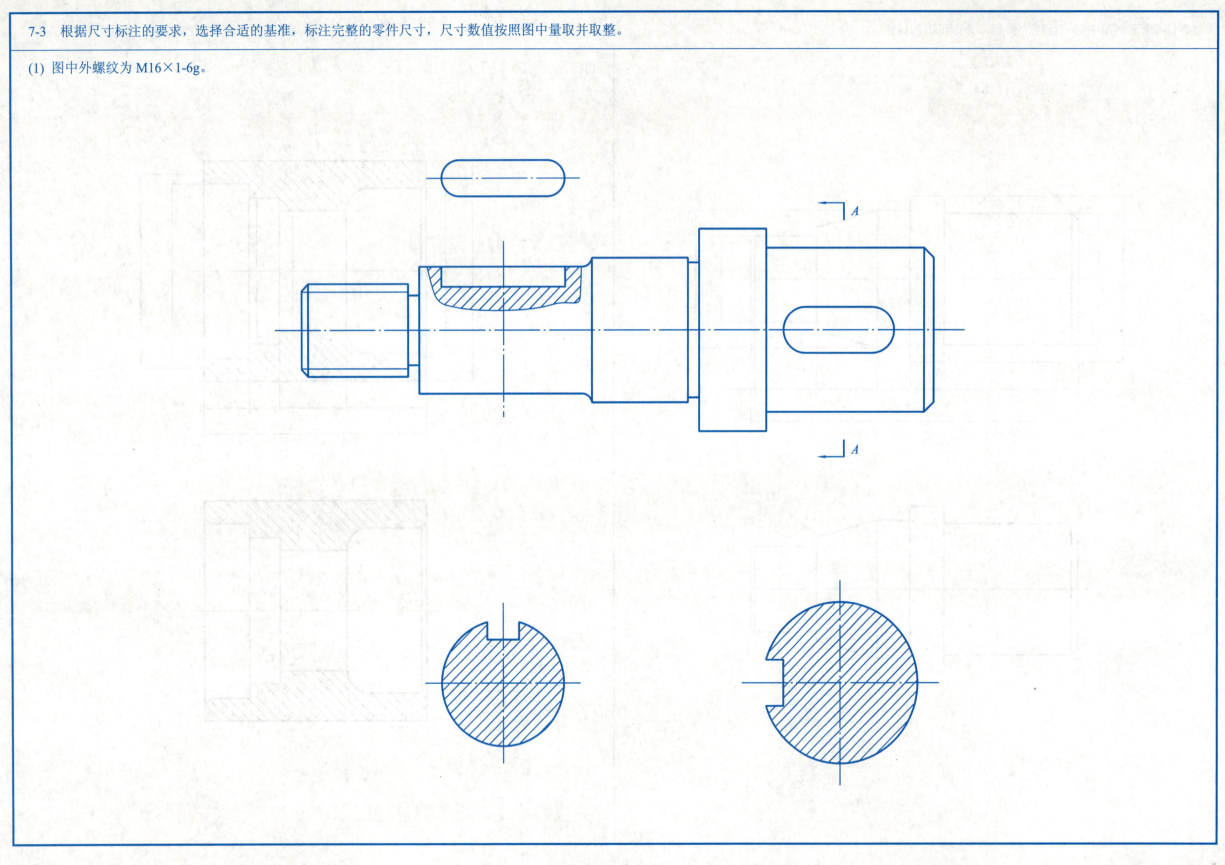

(2) 图中的内螺纹为 M22×1.5-5H-S；另一内螺纹为 M5-7H。

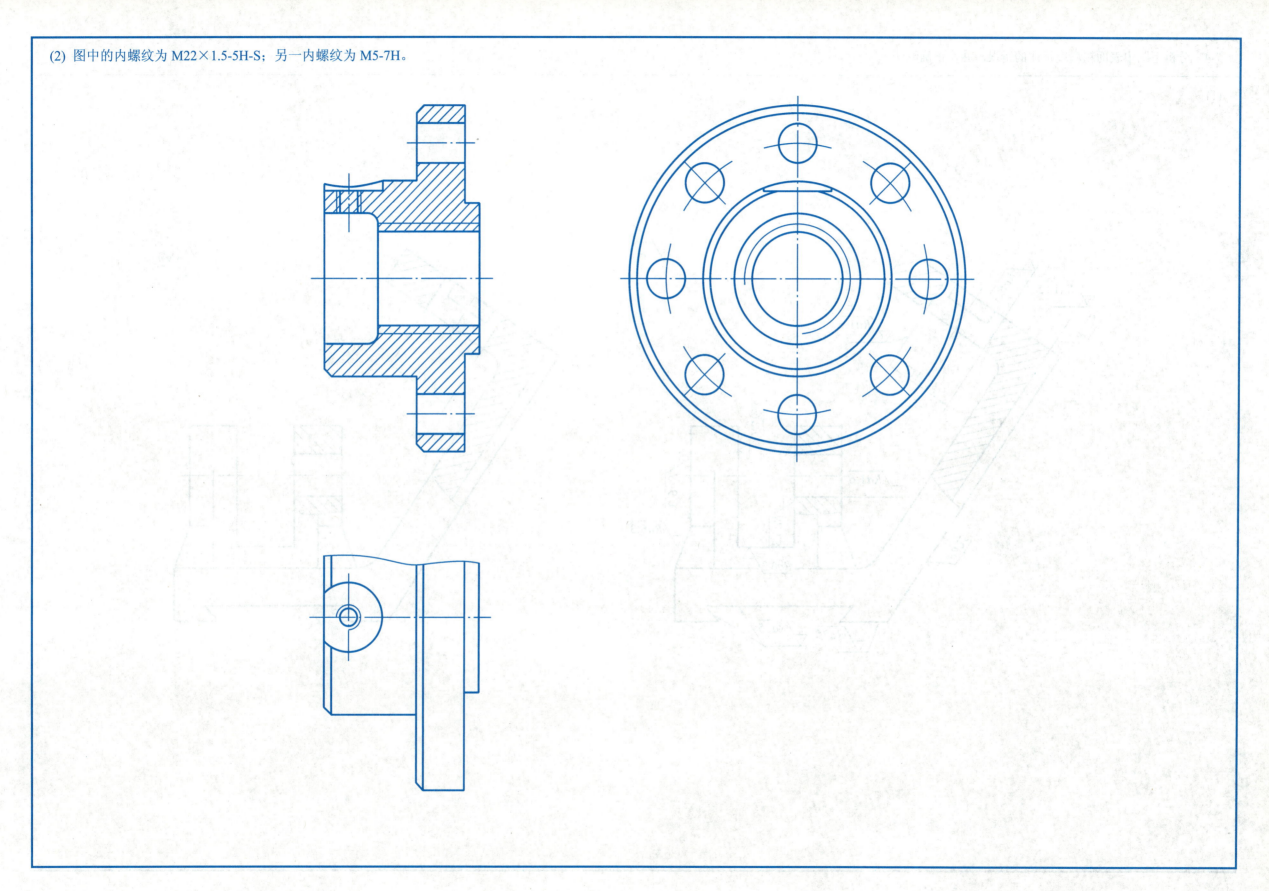

7-4 分析下图中表面粗糙度标注的错误，并作正确注法。

(1)

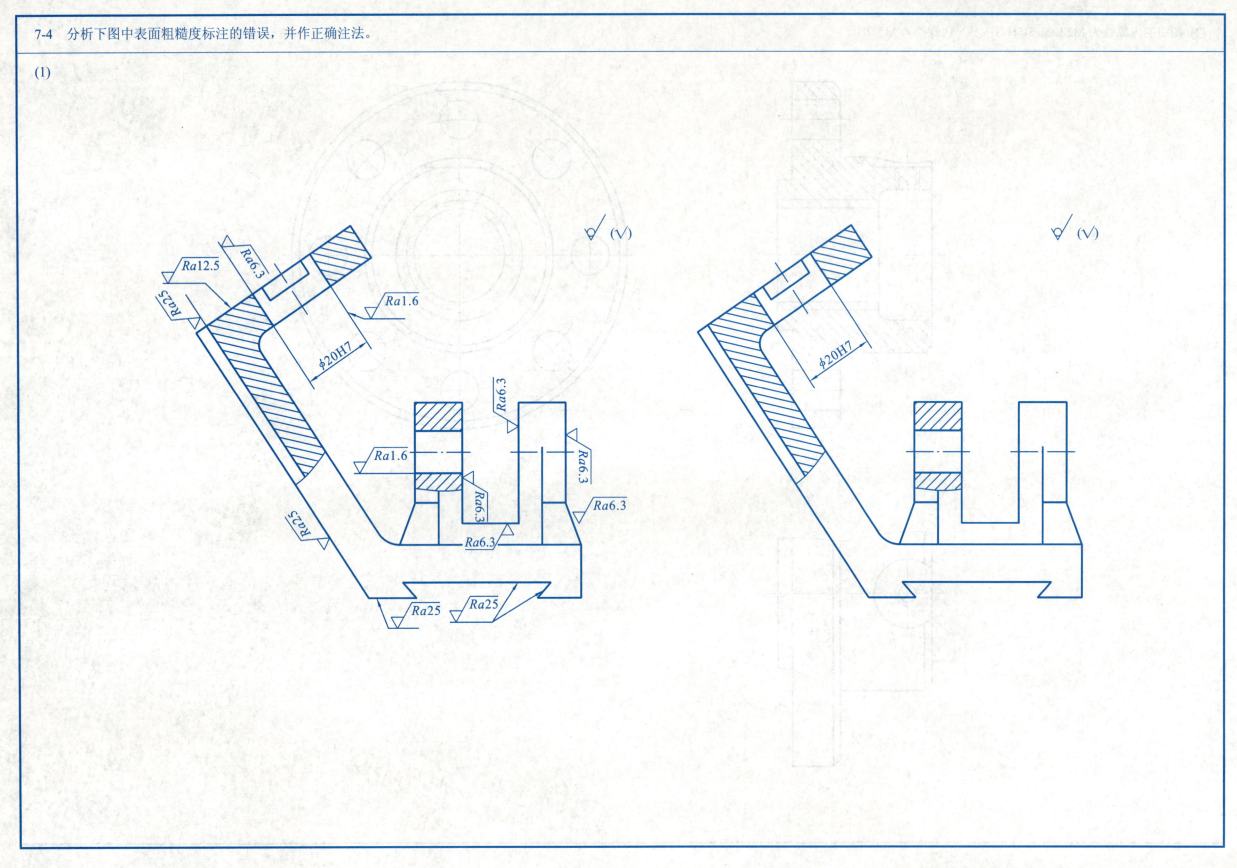

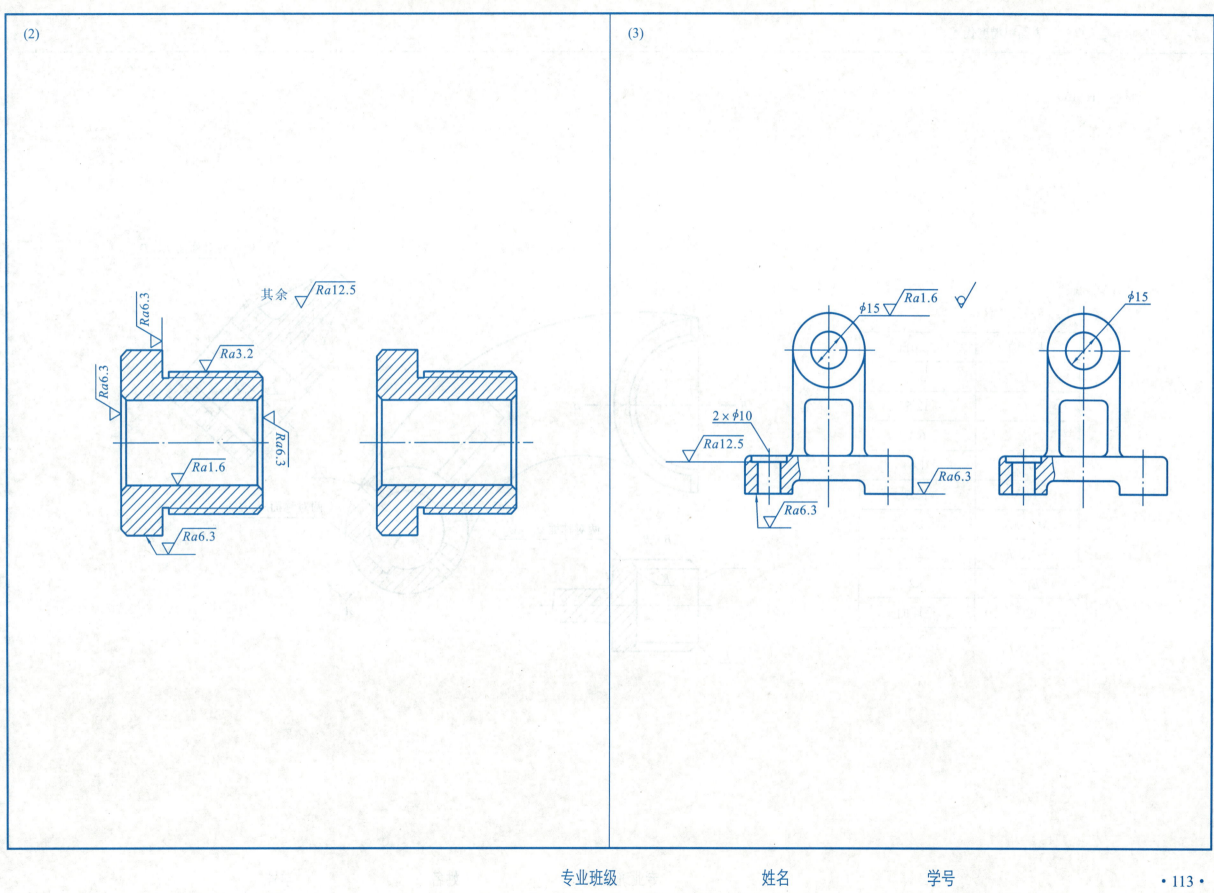

7-5 在零件指定表面注写表面粗糙度代号。

(1) 名称：拨叉
材料：HT150

| 表　面 | $Ra/\mu m$ |
|---|---|
| $I$ | 3.2 |
| $J$ | 12.5 |
| $K$ | 6.3 |
| $H$ | 1.6 |
| $L$ | 12.5 |
| $M_1$、$M_2$ | 25 |
| $D_1$、$D_2$ | 25 |
| $E_1$、$E_2$ | 3.2 |
| 其　余 | 毛坯面 |

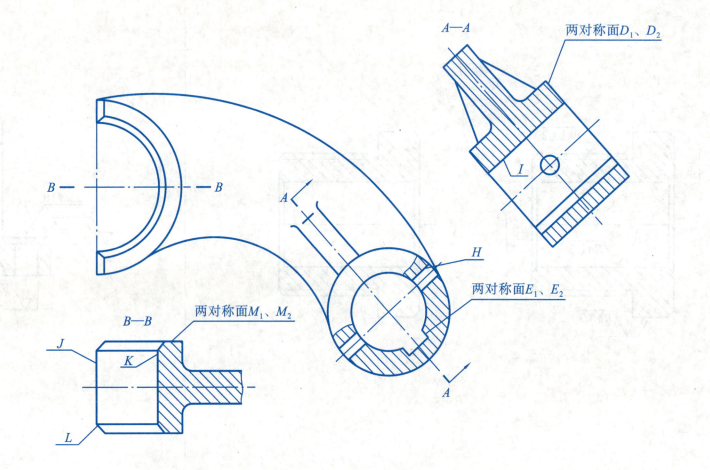

(2)

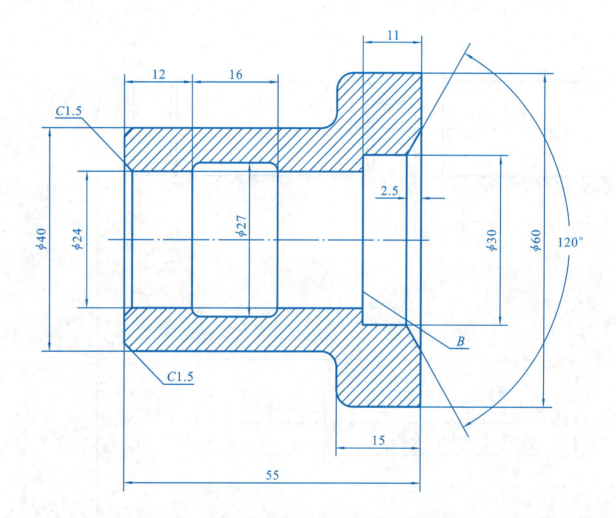

| 表　　面 | 表面粗糙度参数 |
|---|---|
| 左、右端面、120° 圆锥面 | Ra12.5 |
| φ24圆柱面 | Ra1.6 |
| 1.5×45° 的倒角面 | Ra6.3 |
| φ30圆柱面、B面 | Ra12.5 |
| 其余表面 |  |

7-6 根据图中的标注，将有关数值填入表中。

7-7 已知某组件中零件间的配合尺寸，试回答以下问题。

1. 说明配合尺寸 $\phi$28H6/r5 的含义。

(1) $\phi$28 表示_____；

(2) r 表示_____；

(3) 此配合是_____制_____配合；

(4) 5、6 表示_____。

2. 说明配合尺寸 $\phi$18H7/g6 的含义。

(1) $\phi$18 表示_____；

(2) H 表示_____；

(3) 此配合是_____制_____配合；

(4) 7、8 表示_____。

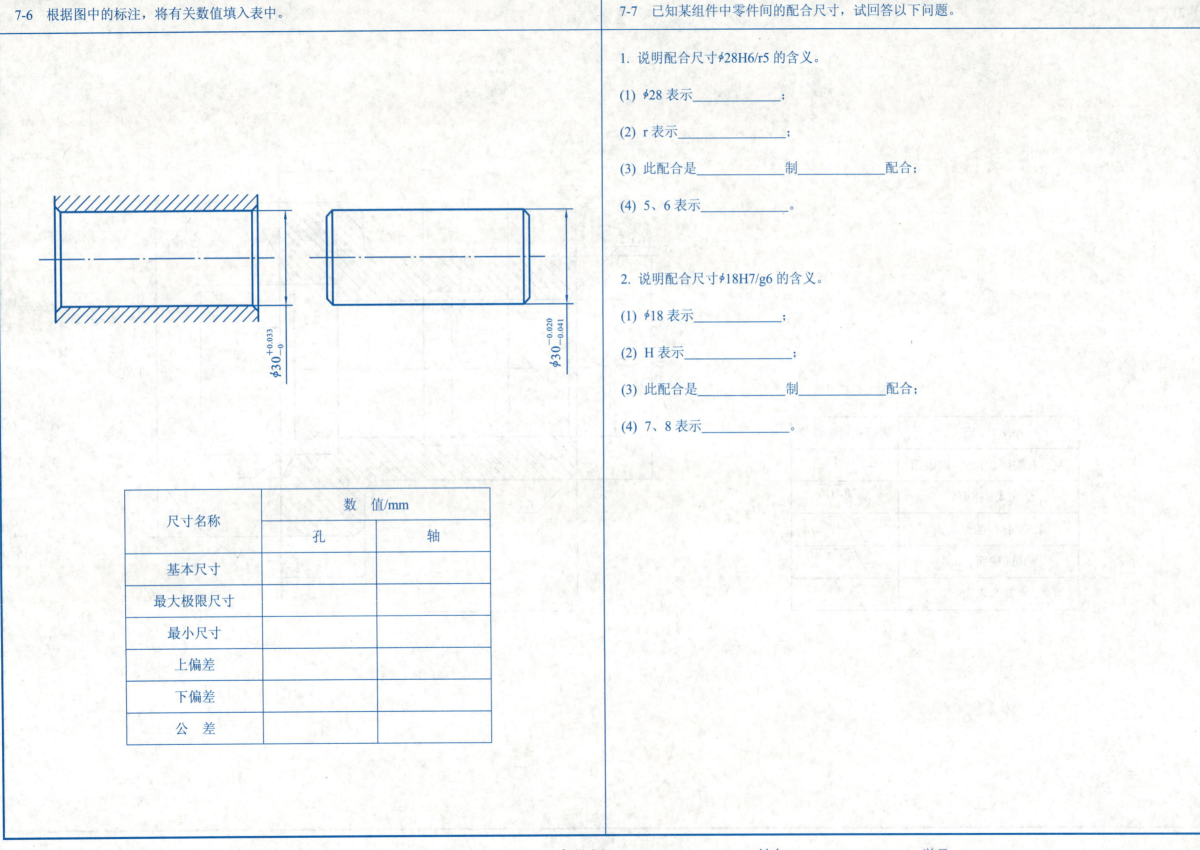

| 尺寸名称 | 数 值/mm | |
|---|---|---|
| | 孔 | 轴 |
| 基本尺寸 | | |
| 最大极限尺寸 | | |
| 最小尺寸 | | |
| 上偏差 | | |
| 下偏差 | | |
| 公 差 | | |

7-8 根据图(a)中的尺寸和配合代号，查表后，在图(b)、(c)、(d)中标注出基本尺寸及上、下偏差值。

(1) 填空

$\phi 34 \dfrac{H7}{k6}$：属基_____制，_____配合。

公差带代号：孔_____，轴_____。

$\phi 26 \dfrac{H7}{f7}$：属基_____制，_____配合。

公差带代号：孔_____，轴_____。

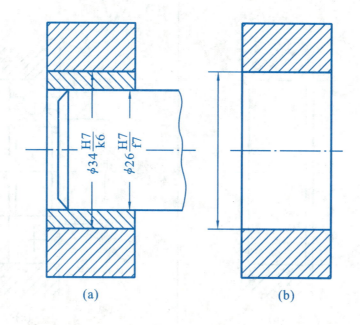(a)  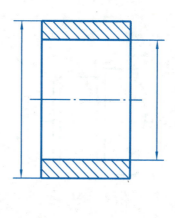(b)  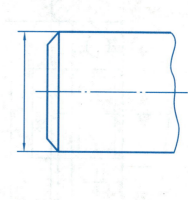(c)  (d)

(2) 填空

$\phi 8 \dfrac{F8}{h7}$：属基_____制，_____配合。

公差带代号：孔_____，轴_____。

$\phi 8 \dfrac{N7}{h7}$：属基_____制，_____配合。

公差带代号：孔_____，轴_____。

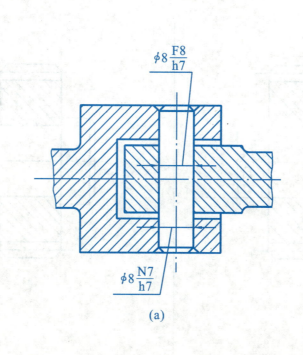(a)  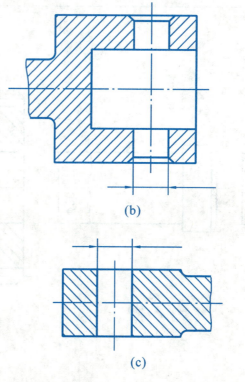(b)(c)  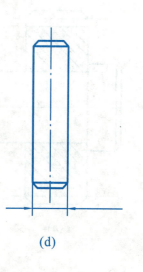(d)

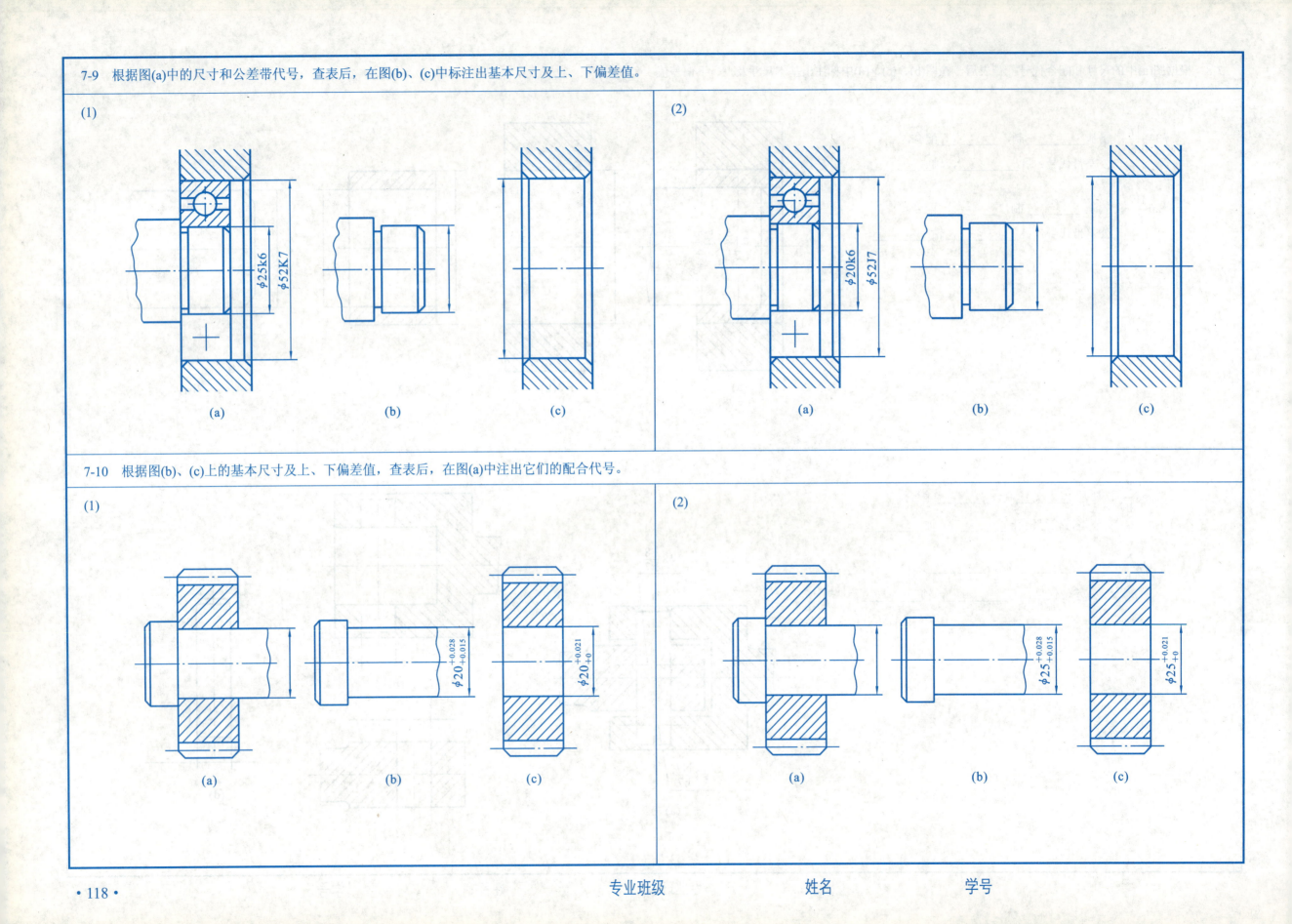

7-11 解释下列孔尺寸标注的含义。

(1) $\dfrac{7\times\phi10}{\sqcup\phi19\downarrow2}$ 表示：

(2) $\dfrac{4\times M6-7H\downarrow12}{孔\downarrow19}$ 表示：

(3) $\dfrac{7\times\phi5H7\downarrow8}{\vee7.5\times90°}$ 表示：

(4) $\dfrac{7\times\phi5H7\downarrow8}{孔\downarrow12}$ 表示：

7-12 用文字说明图中形位公差的含义。

(1)

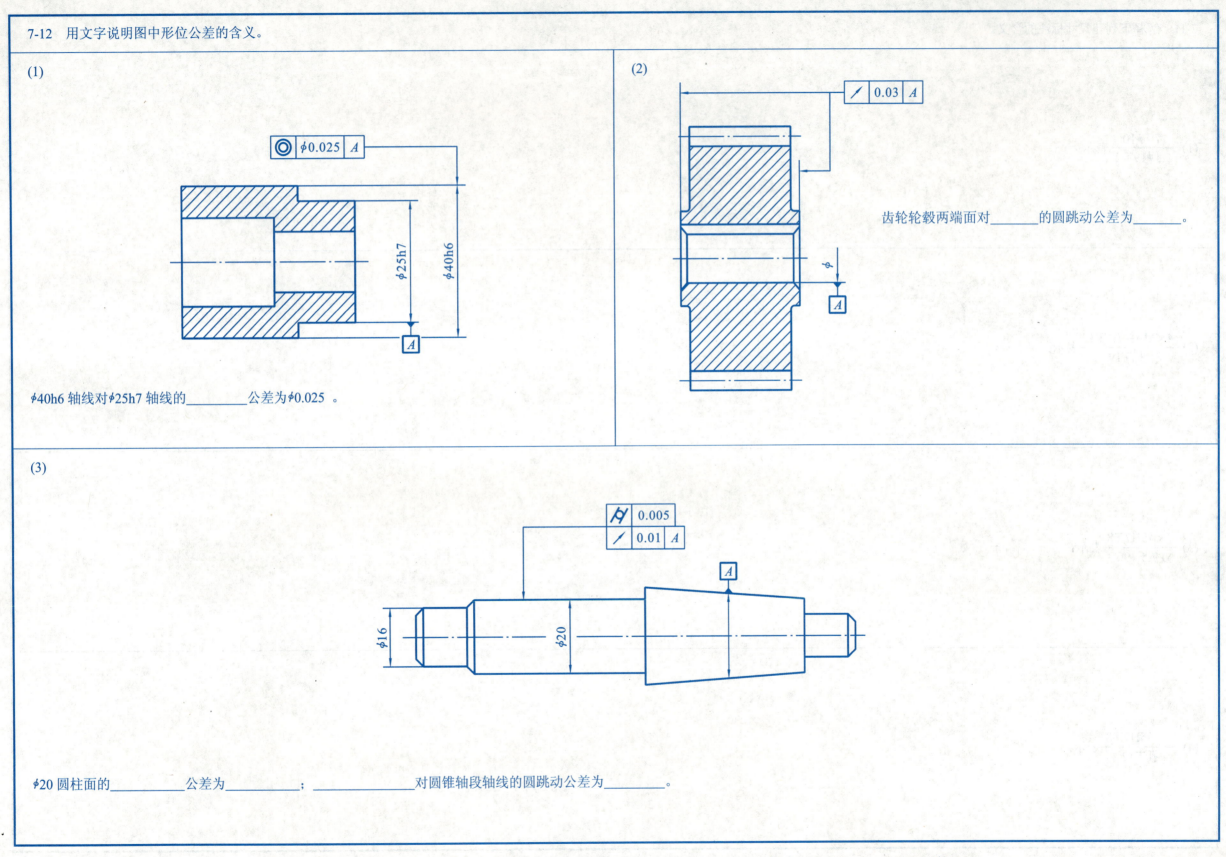

φ40h6 轴线对 φ25h7 轴线的_____公差为 φ0.025。

(2)

齿轮轮毂两端面对_____的圆跳动公差为_____。

(3)

φ20 圆柱面的_____公差为_____；_____对圆锥轴段轴线的圆跳动公差为_____。

7-13 在图中标注形位公差。

(1) φ20H7 轴线对底面的平行度公差为 0.02 mm。

(2) 顶面对底面的平行度公差为 0.02 mm。

(3) 槽 A 对距离 40 的两平面对称度公差为 0.06 mm。

(4) φ50h6 对 φ30h6 的径向圆跳动公差为 0.02 mm，端面 A 对 φ30h6 轴线的端面圆公差为 0.04 mm。

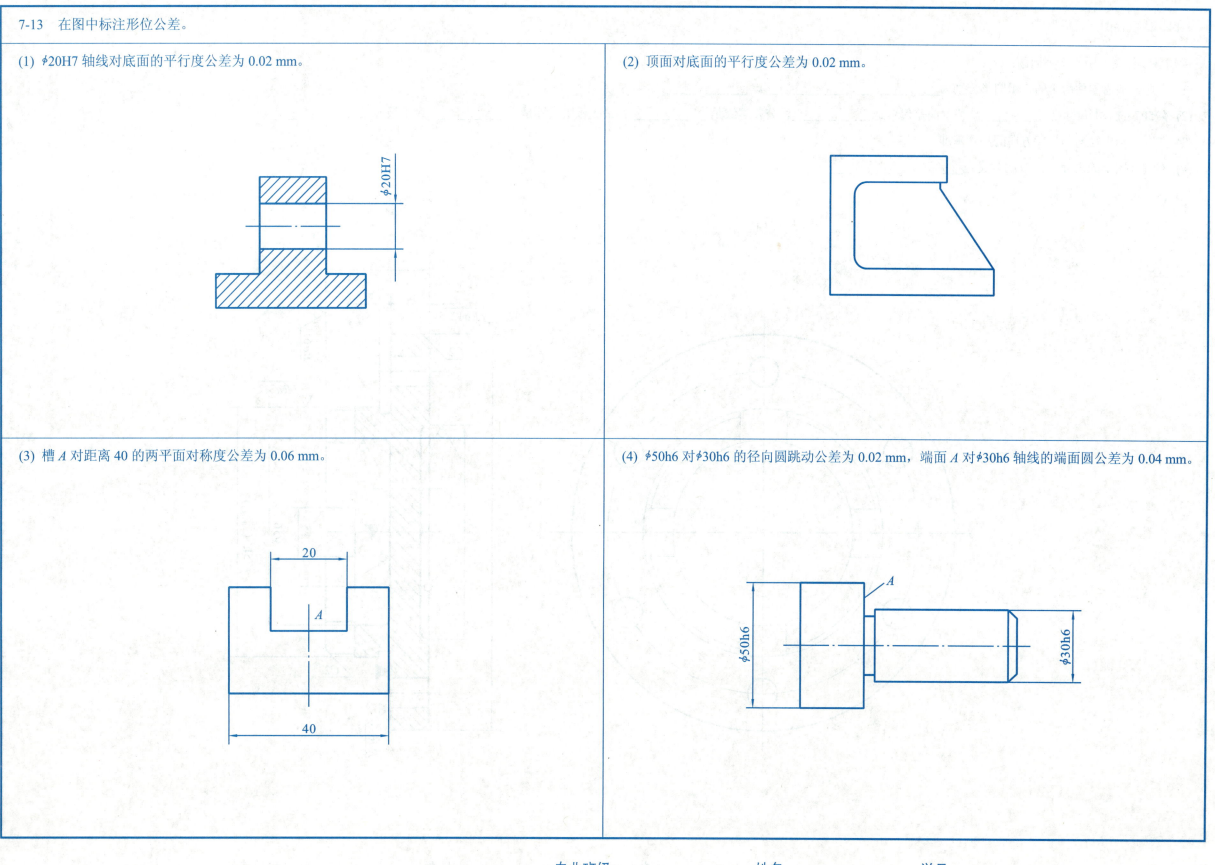

7-14 读零件图回答问题。

读端盖零件图并回答下列问题：

(1) 表达该端盖零件所用的一组图形分别为_____、_____、_____。

(2) φ75h7 的基本尺寸是_____，基本偏差代号是_____，公差等级是_____，最大极限尺寸是_____，最小极限尺寸是_____。

(3) 在图上标出径向和长度方向的尺寸基准。

(4) 右剖视图上的尺寸"C2"的含义是_____。

(5) 在指定位置画全右视图。

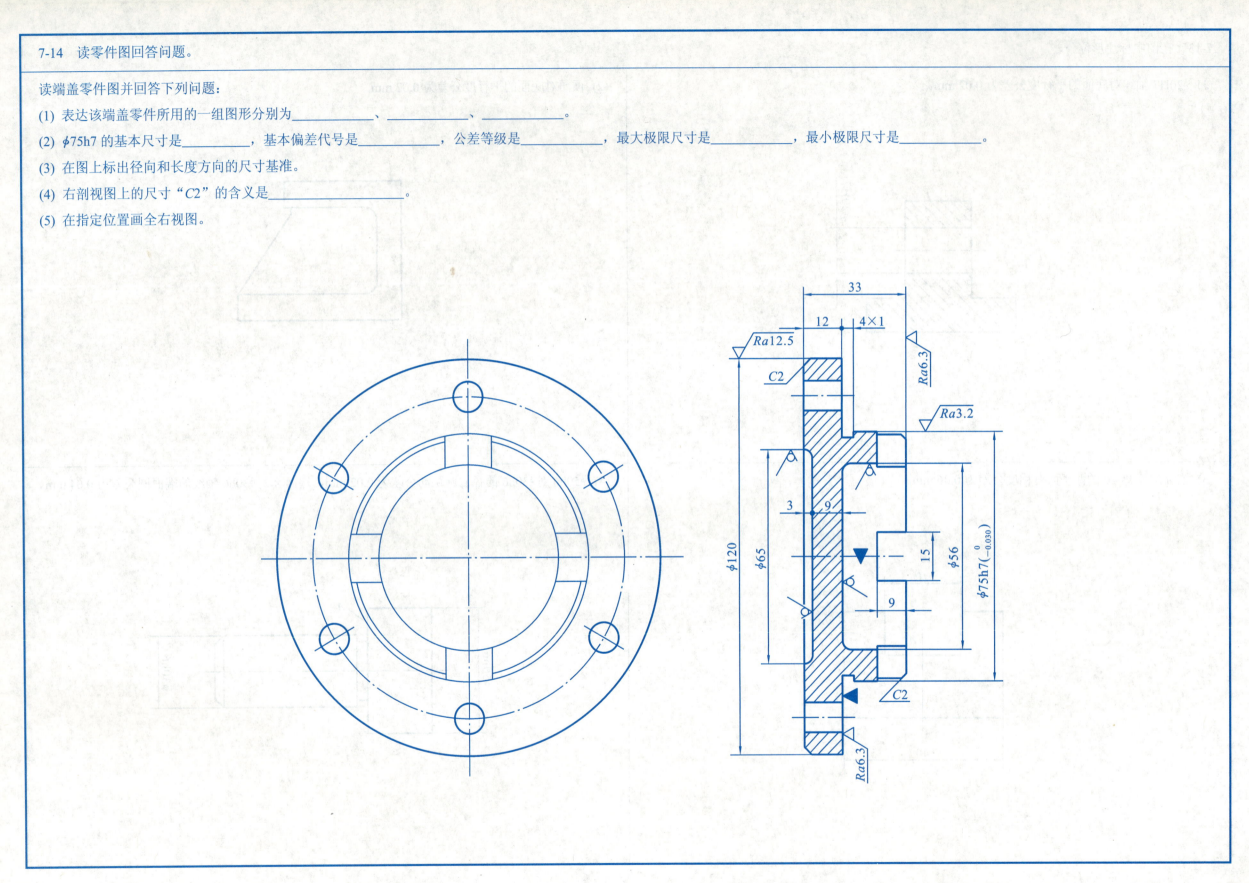

7-15 读零件图回答问题。

读缸体零件图，并回答下列问题。

(1) 该零件主要采用了_____剖的表示方法；俯视图采用了_____剖的表示方法；左视图采用了_____剖的表示方法。

(2) 该零件共有 M6 的螺钉孔____个，其定位尺寸分别是_____，_____。

(3) 零件的外表面是_____面，其粗糙度代号为"√"，含义是_____。

(4) 主视图中 // 0.05 G 的含义是_____。

(5) 左视图中右凸台"T"的形体是_____。

(6) 画出主视图的外形图。

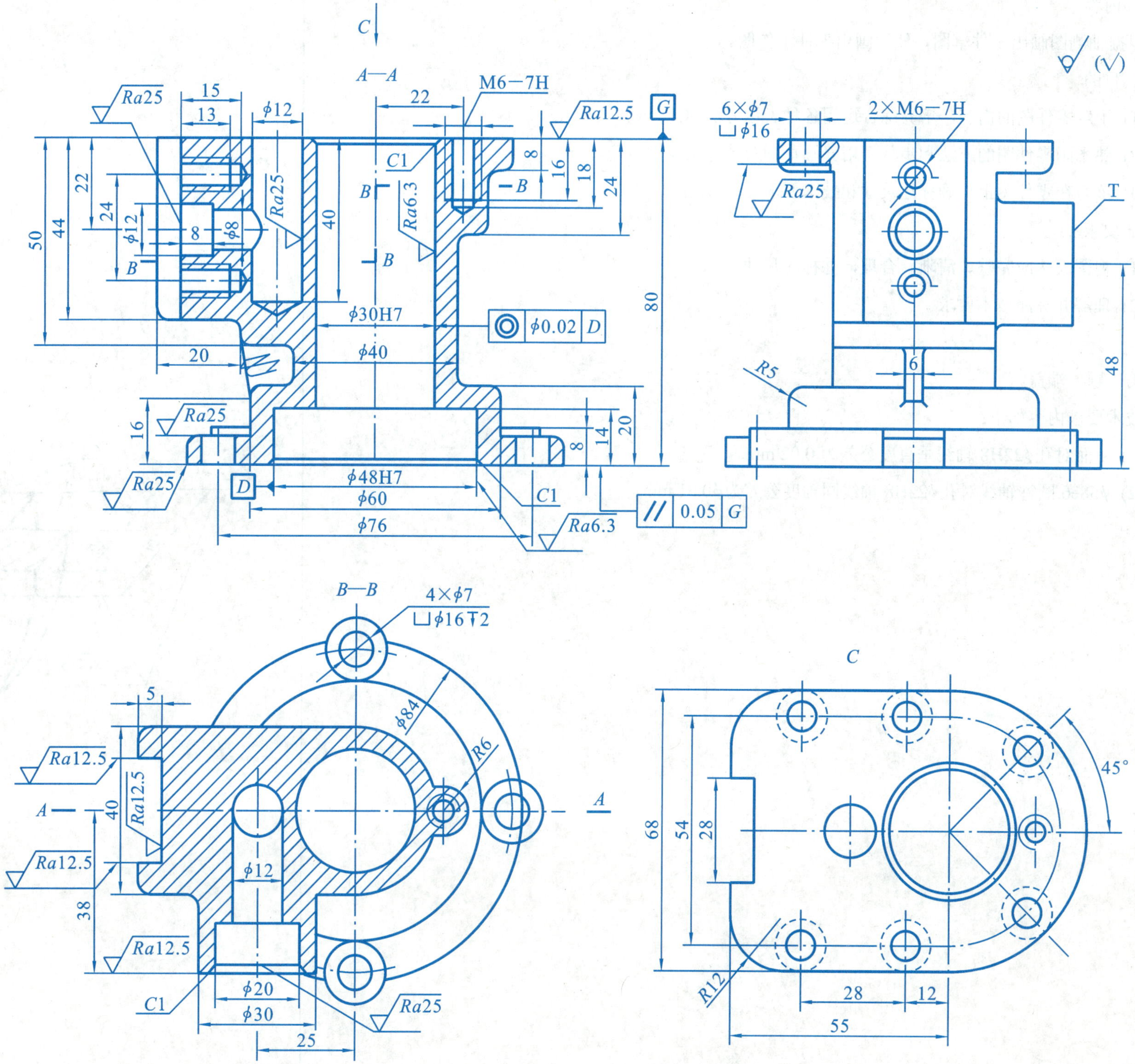

7-16 画零件图练习。

1. 内容

根据轴测图画出零件草图，然后画出零件工作图。

2. 目的

(1) 了解零件图的内容，培养综合运用各种表达方法的能力。

(2) 熟悉画零件图的方法和步骤，培养画草图及计算机绘图技能。

(3) 练习在零件图上正确标注尺寸和技术要求。

3. 要求

(1) 视图表达应完整、清晰、合理，并标注尺寸。

(2) 理解并标注技术要求。

第 1 题  端盖

技术要求内容如下：

(1) $A$ 面对孔 $\phi22H8$ 轴线垂直度公差为 0.02 mm。

(2) $\phi58e6$ 圆柱轴线对孔 $\phi22H8$ 轴线同轴度公差为 $\phi0.01$ mm。

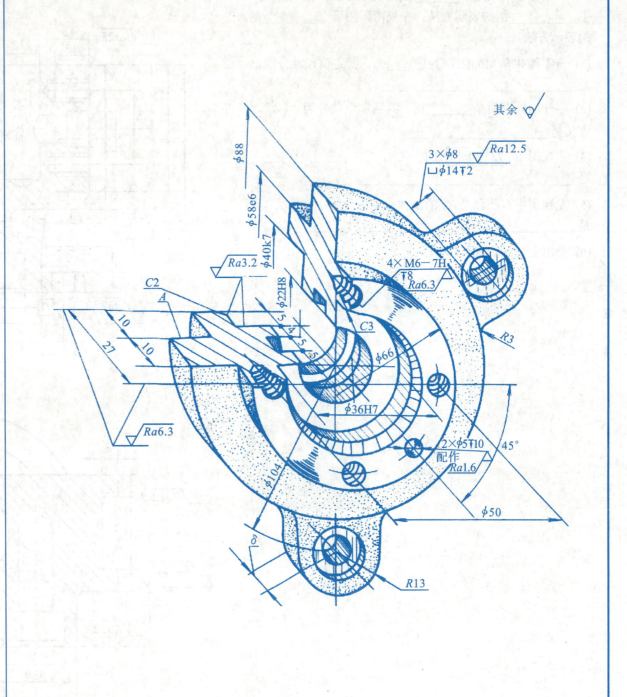

第2题 轴

技术要求内容如下：

(1) 5P9和8P9键槽对称中心面分别对φ16f8圆柱轴线和φ28f8圆柱轴线的对称度公差为0.02 mm。

(2) φ28f8和φ16f8圆柱轴线两处φ20k7圆柱轴线同轴度公差为φ0.04 mm。

(3) φ28f8圆柱端面对该段轴线的圆跳动公差为0.02 mm。

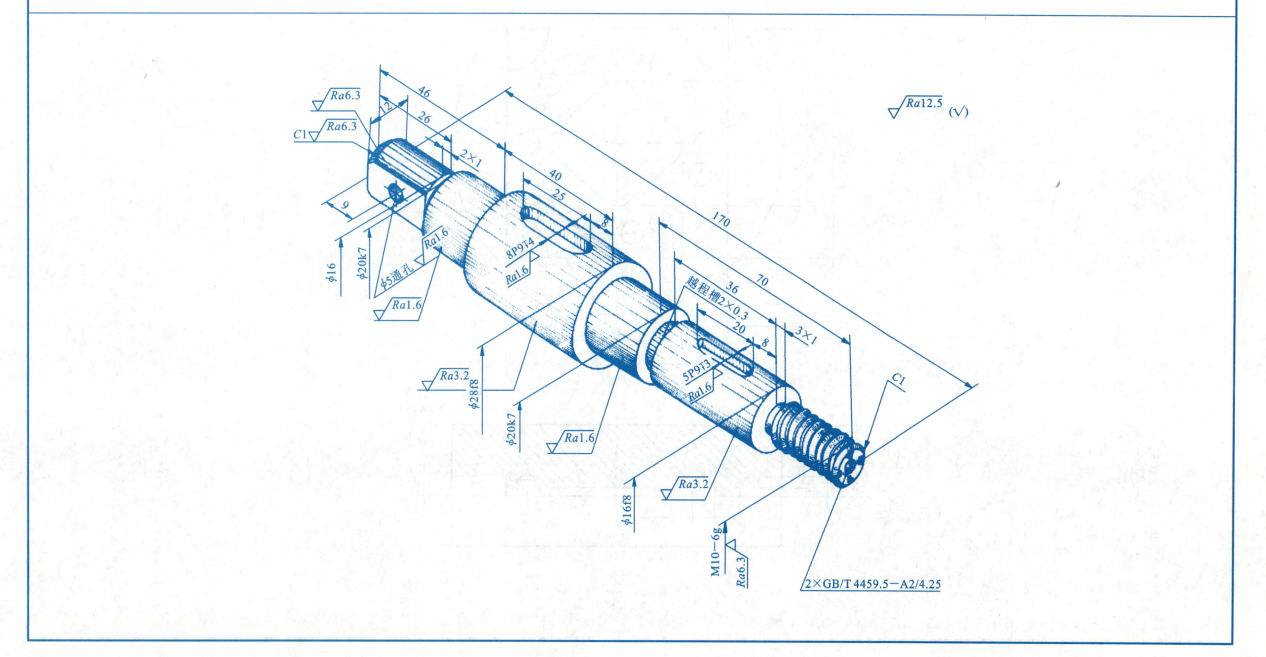

7-17 用 AutoCAD 绘制零件图。

(1)

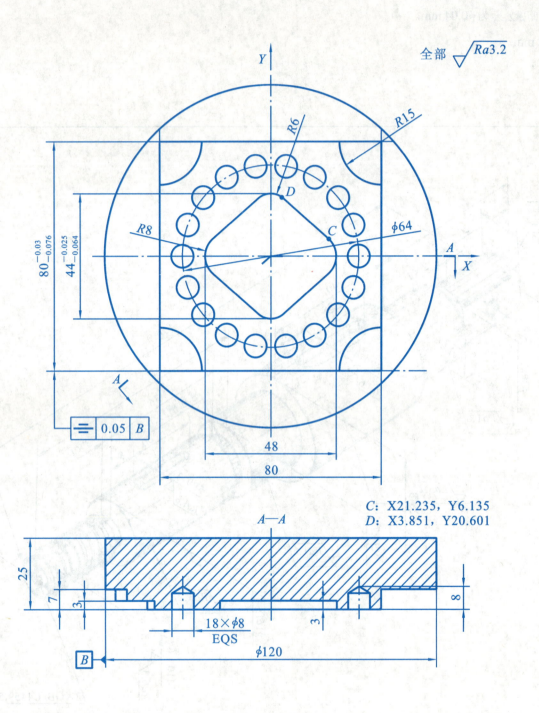

(2) 未注倒角 C1。

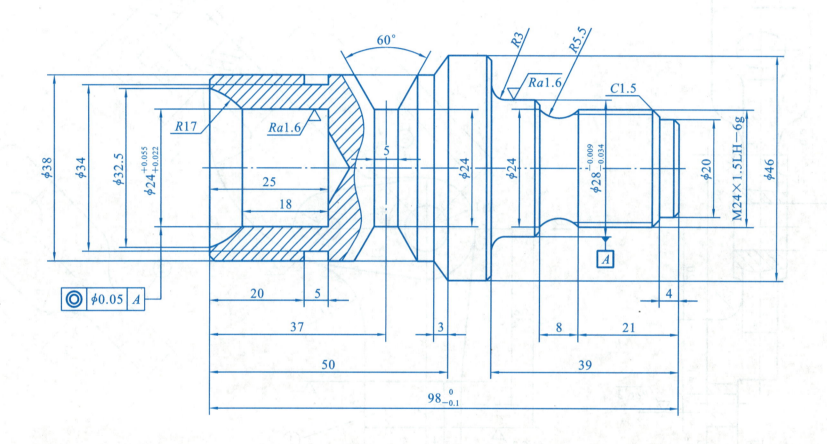

(3) 未注圆角 R2。

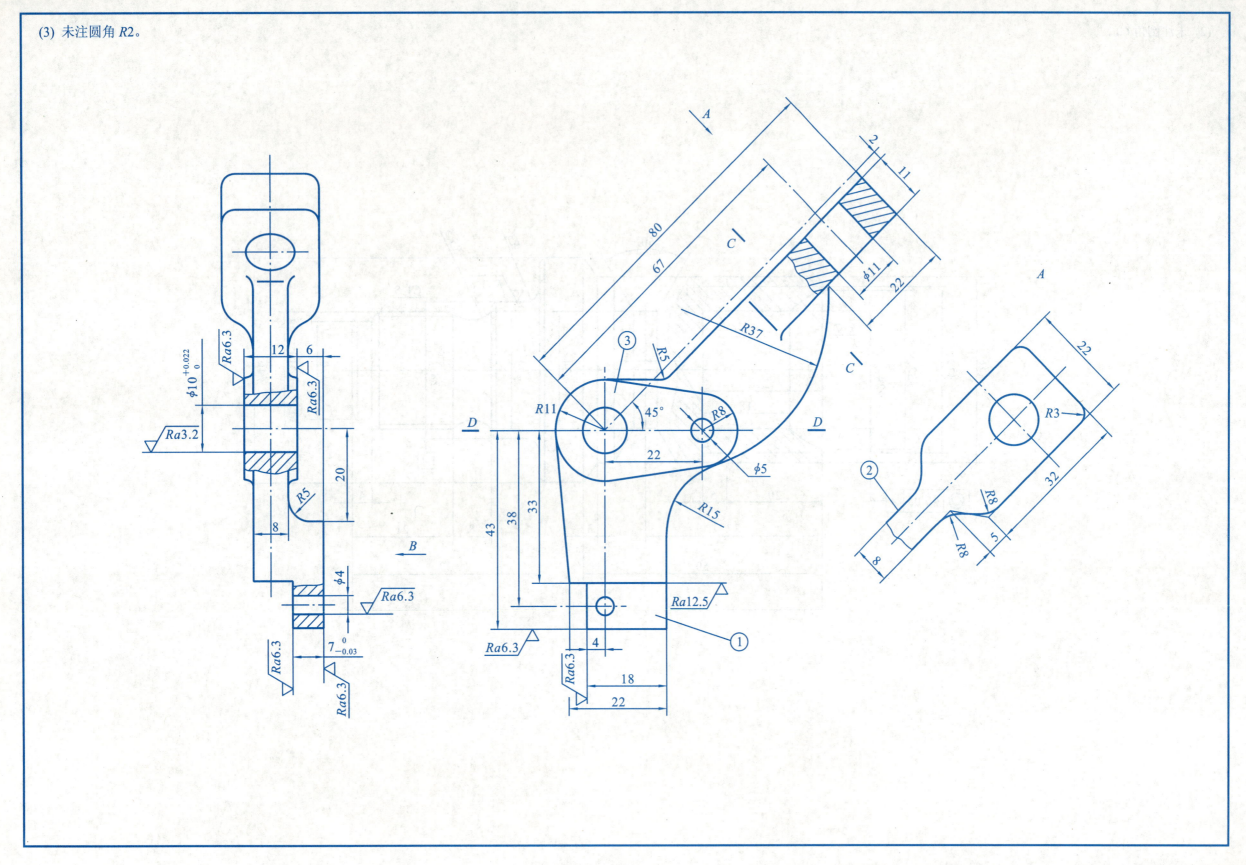

# 第 8 章 装配图

8-1 根据安全阀装配示意图和零件图画装配图。

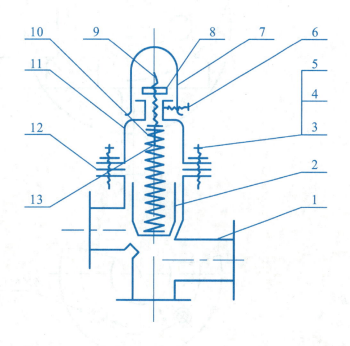

| 13 | 弹簧垫 | 1 | H62 | |
|---|---|---|---|---|
| 12 | 垫　片 | 1 | 纸板 | |
| 11 | 阀　盖 | 1 | ZL102 | |
| 10 | 弹　簧 | 1 | 65Mn | |
| 9 | 螺杆 | 1 | 35 | |
| 8 | 螺母 M16 | 1 | Q235 | GB/T 6170—2000 |
| 7 | 罩子 | 1 | ZL102 | |
| 6 | 螺钉 M6×16 | 1 | Q235 | GB/T 75—1985 |
| 5 | 垫圈 12 | 4 | Q235 | GB/T 97.1—2002 |
| 4 | 螺母 M12 | 4 | Q235 | GB/T 6170—2000 |
| 3 | 螺柱 M12×35 | 4 | Q235 | GB/T 899—1988 |
| 2 | 阀门 | 1 | Q235 | |
| 1 | 阀体 | 1 | ZL102 | |
| 序号 | 名称 | 件数 | 材料 | 备注 |

| 安全阀 | 比例 | (图样代号) |
|---|---|---|
| | 件数 | |

| 制图 | (签名) | (年月日) | 重量 | 共 张 第 张 |
|---|---|---|---|---|
| 描图 | | | | (学校名称) |
| 审核 | | | | |

安全阀是供油管路上的装置。在正常工作时，阀门 2 靠弹簧 10 的压力处在关闭位置，此时油从阀体右孔流入，经阀体下部的孔进入导管。当导管中油压增高超过弹簧压力时，阀门被顶开，油就顺阀体左端孔经另一导管流回油箱，以保证管路的安全。弹簧压力的大小靠螺杆 9 来调节。为防止螺杆松动，在螺杆上部用螺母 8 并紧。罩子 7 用来保护螺杆，阀门两侧有小圆孔，其作用是使进入阀门内腔的油流出来，阀门的内腔底部有螺孔，是供拆卸时用的，阀体 1 与阀盖 11 是用 4 个螺柱连接，中间有垫片 12，以防漏油。

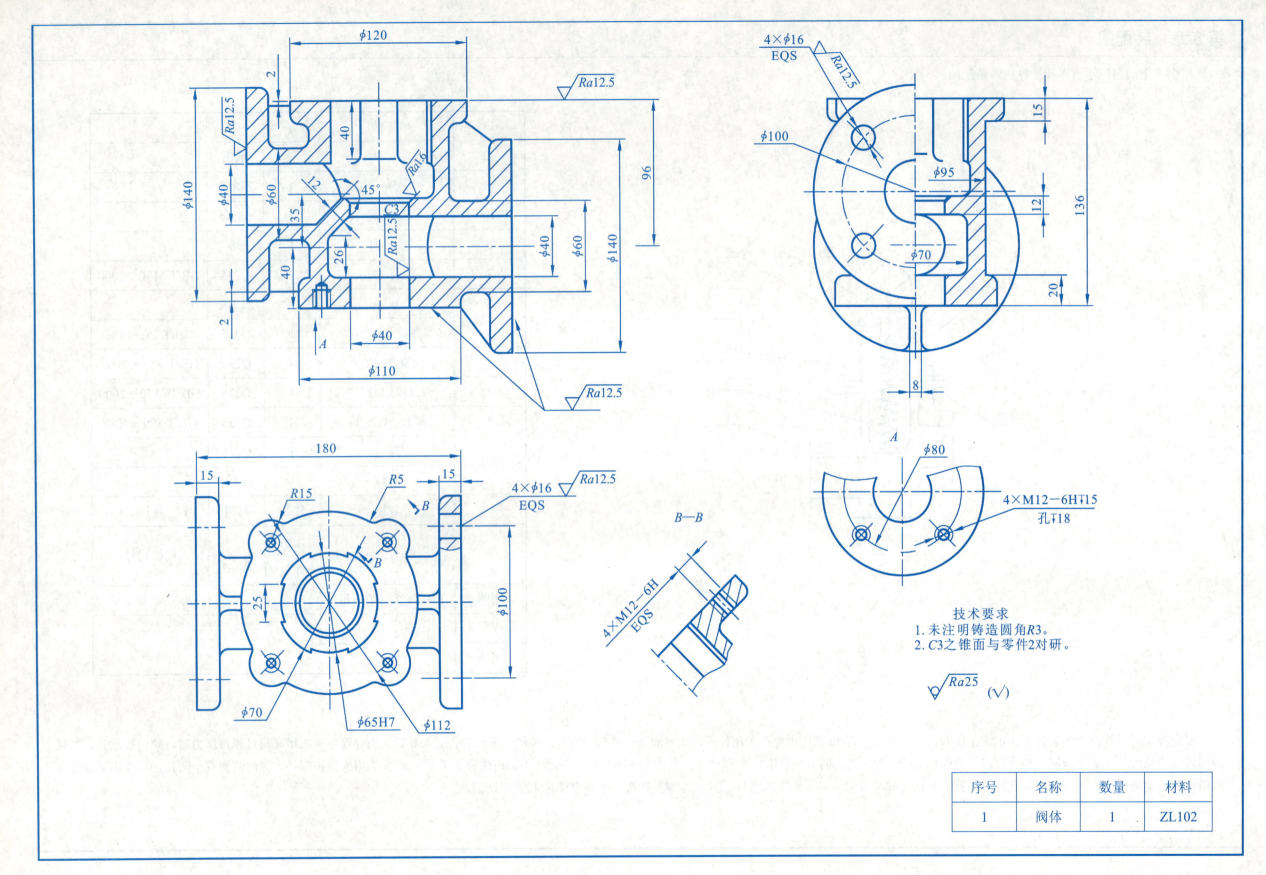

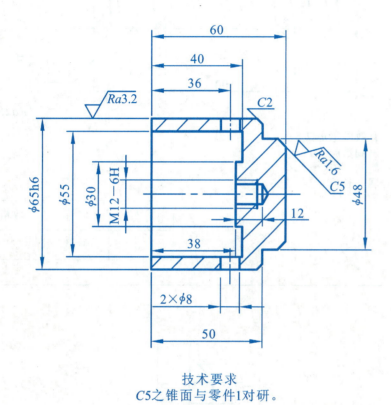

**技术要求**
C5之锥面与零件1对研。

$\sqrt{Ra12.5}$ (√)

| 序号 | 名称 | 数量 | 材料 |
|---|---|---|---|
| 2 | 阀门 | 1 | Q235 |

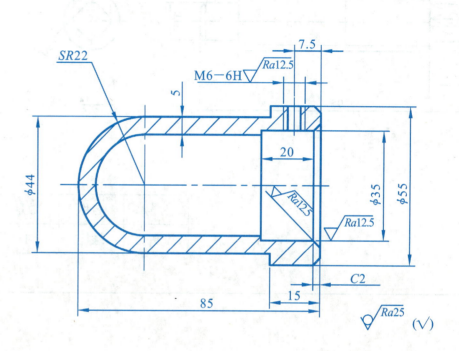

**技术要求**
未注铸造圆角R2。

$\sqrt{Ra25}$ (√)

| 序号 | 名称 | 数量 | 材料 |
|---|---|---|---|
| 7 | 罩子 | 1 | ZL102 |

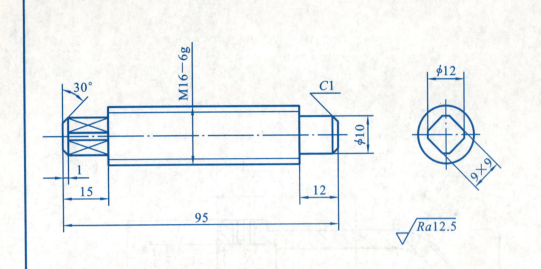

| 序号 | 名称 | 数量 | 材料 |
|---|---|---|---|
| 9 | 螺杆 | 1 | 35 |

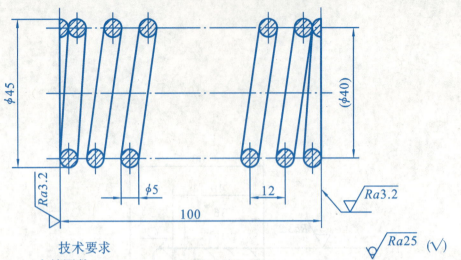

技术要求
1. 有效圈数 $n=7.5$
2. 总圈数 $m=10$
3. 旋向：右
4. 展开长度：$L=1256$

| 序号 | 名称 | 数量 | 材料 |
|---|---|---|---|
| 10 | 弹簧 | 1 | 65Mn |

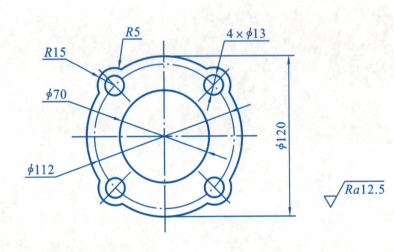

| 序号 | 名称 | 数量 | 材料 |
|---|---|---|---|
| 12 | 垫片 | 1 | 纸板 |

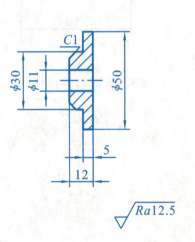

| 序号 | 名称 | 数量 | 材料 |
|---|---|---|---|
| 13 | 弹簧垫 | 1 | H62 |

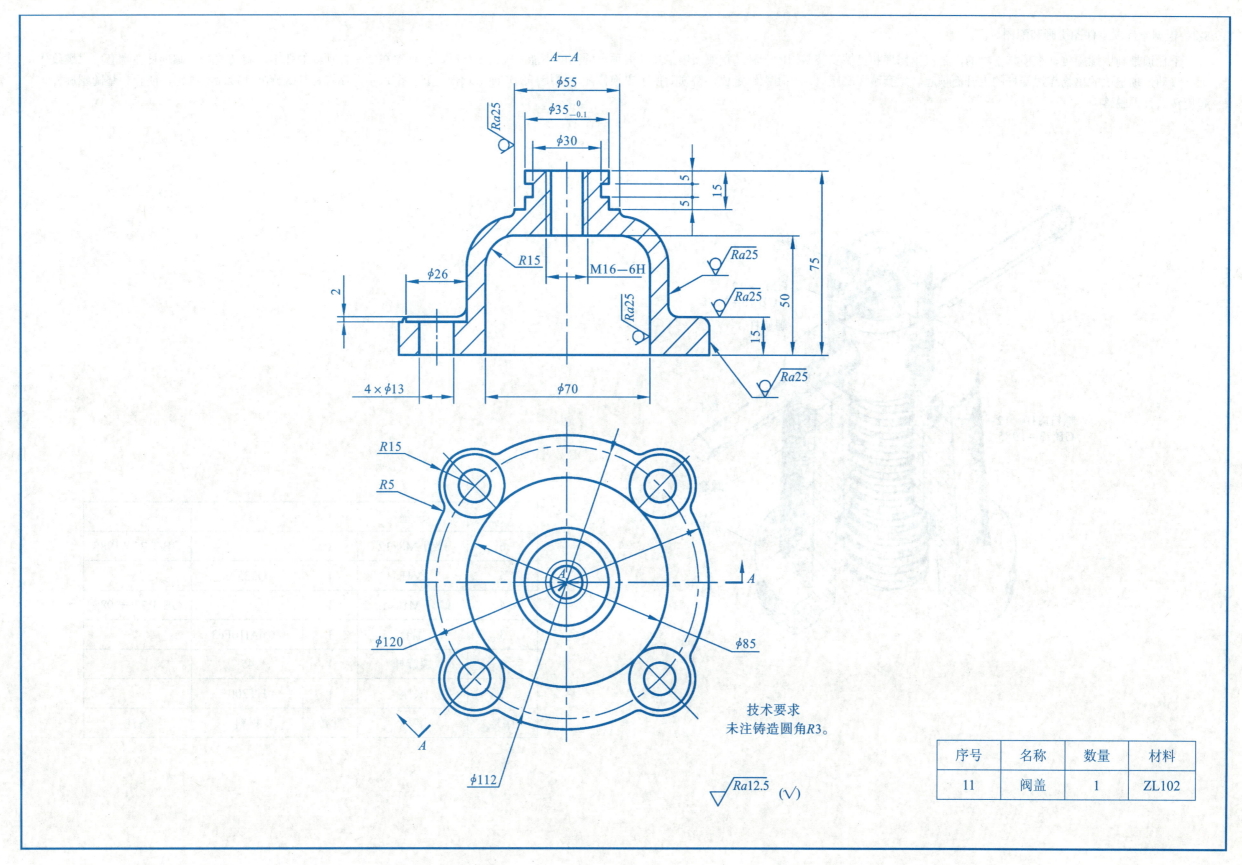

8-2　根据千斤顶零件图拼画装配图。

千斤顶是利用螺旋传动来顶举重物的,是汽车修理和机械安装常用的一种起重或顶压工具,但顶举的高度不能太大。工作时,绞杠穿在螺旋杆顶部的孔中,旋动绞杠,螺旋杆在螺套中靠螺纹作上下移动,顶垫上的重物靠螺旋杆的上升而顶起。螺套镶在底座里,并用螺钉定位,磨损后便于更换修配。螺旋杆的球面形顶部,套一个顶垫,靠螺钉与螺旋杆连接而不固定,防止顶垫随螺旋杆一起旋转而且不脱落。

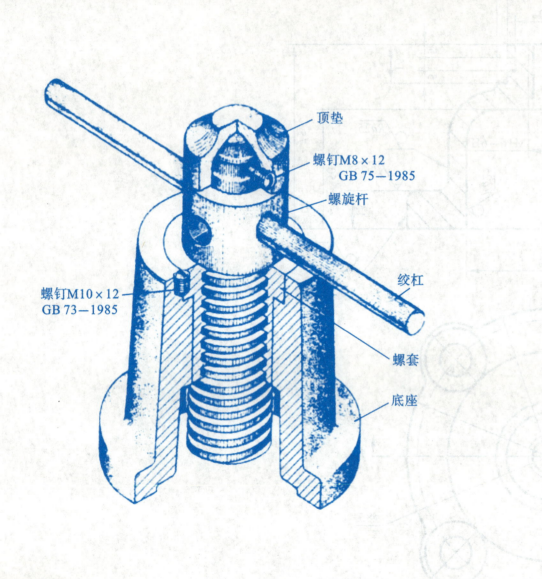

| 7 | 顶垫 | 1 | 35 | |
|---|---|---|---|---|
| 6 | 螺钉 M8×12 | 1 | | GB/T 75—1985 |
| 5 | 绞杠 | 1 | Q235A | |
| 4 | 螺钉 M10×12 | 1 | | GB/T 73—1985 |
| 3 | 螺套 | 1 | ZCuAl10Fe3 | |
| 2 | 螺旋杆 | 1 | 45 | |
| 1 | 底座 | 1 | HT200 | |
| 序号 | 名称 | 件数 | 材料 | 备注 |

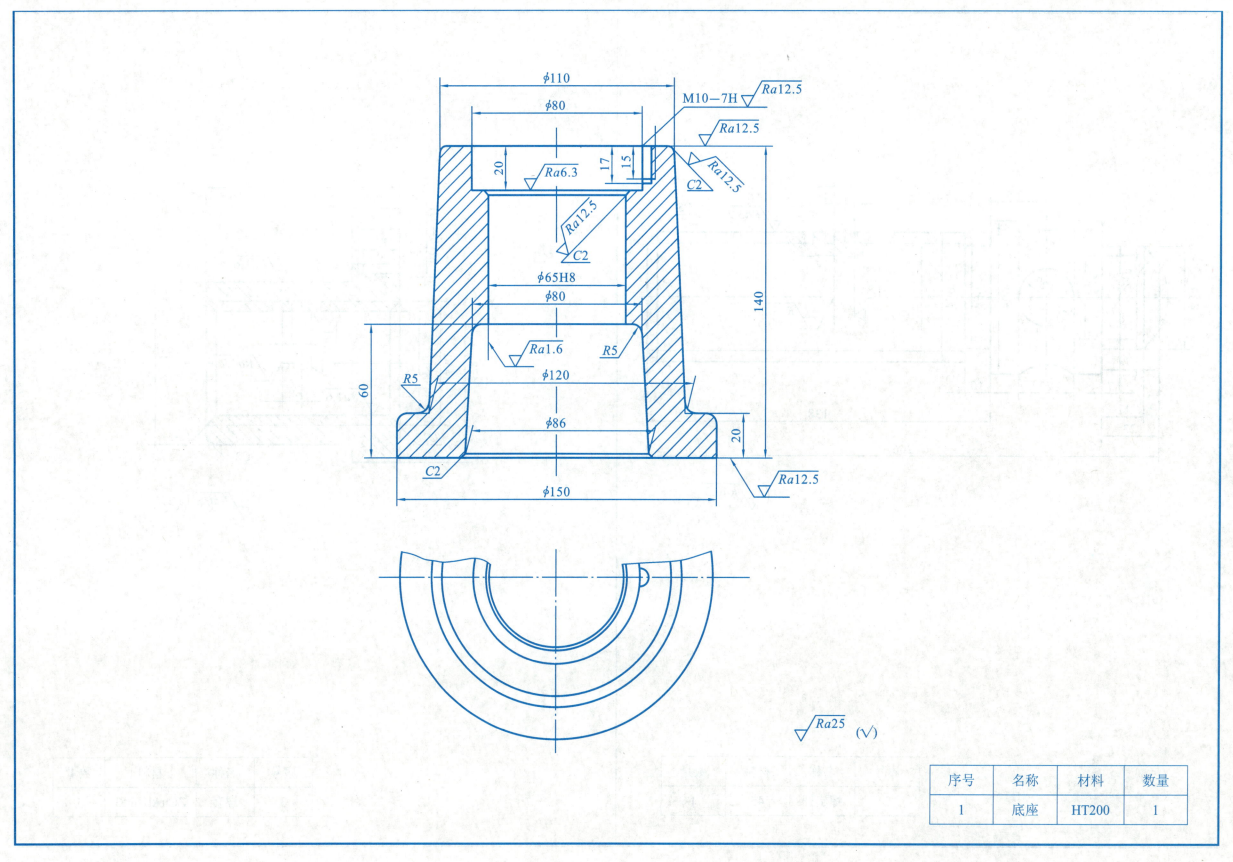

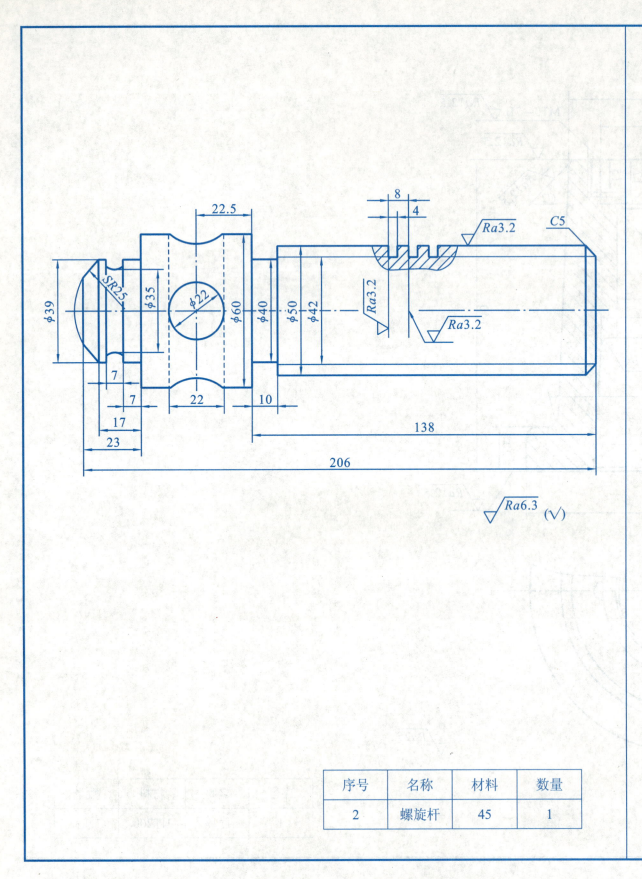
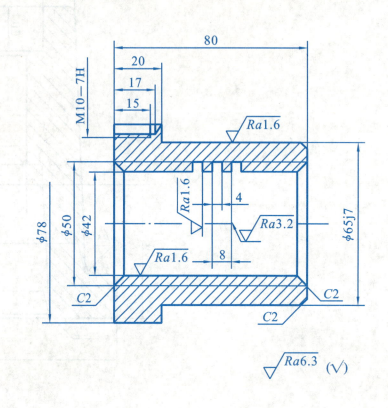

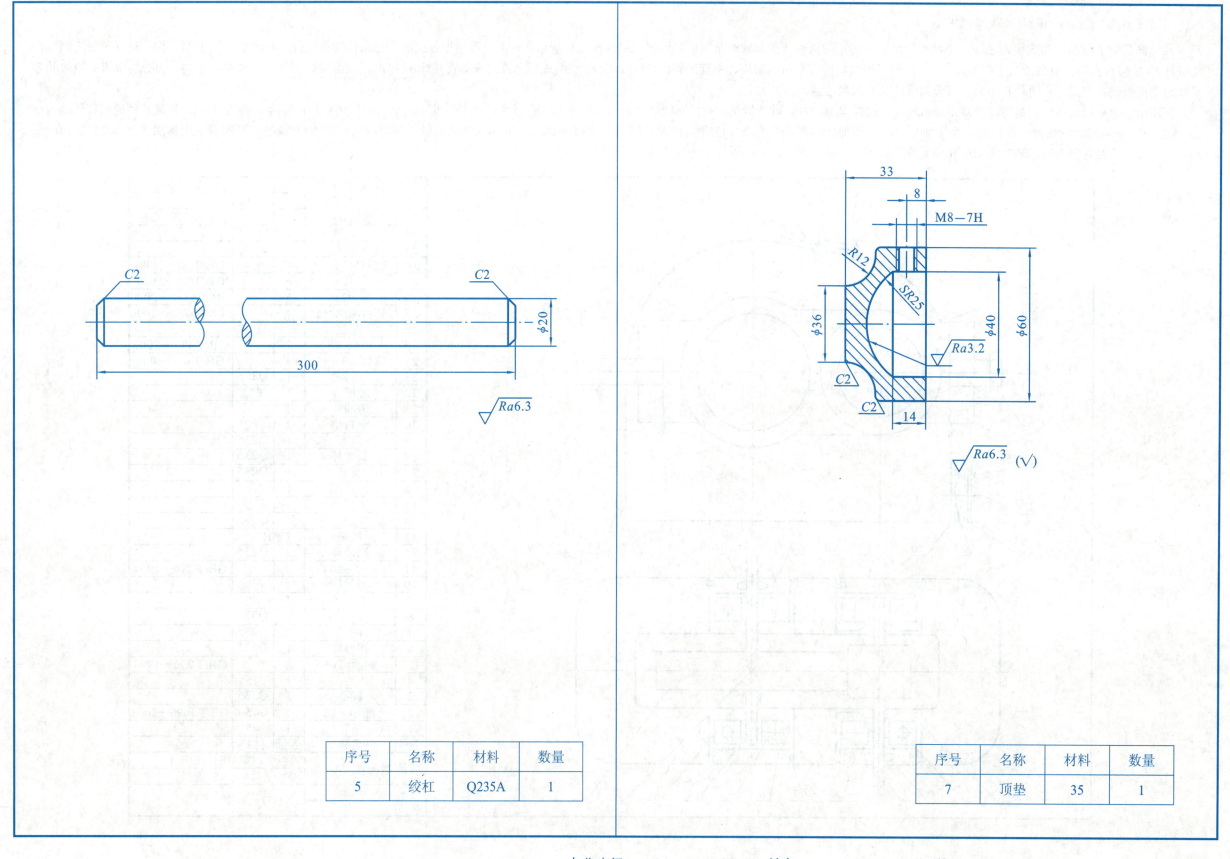

8-3 根据减速器的示意图和零件图画装配图。

减速器是位于原动机和工作机之间，用以改变转速和转矩的机械传动装置。常用的减速器已经标准化和规格化，用户可根据各自的工作条件进行选择。减速器种类很多：按传动件可分为圆柱齿轮减速器(轮齿有直齿、斜齿或人字齿等)、圆锥齿轮减速器(轮齿有直齿、斜齿、螺旋齿等)、蜗杆蜗轮减速器(蜗杆上置式或下置式)和行星齿轮减速器等；按传动的级数不同，可分为单级、双级和多级减速器；按轴在空间的相对位置不同，可分为卧式和立式减速器。

下图所示为单级直齿圆柱齿轮减速器，是减速器中最简单的一种。减速器工作时，回转运动是通过件9(齿轮轴)传入，再经过其上的小齿轮传递给件1(齿轮)，经过件2(键)将减速后的回转运动传给件4(轴)，件4将回转运动传给工作机械。齿轮轴9(主动轴)和轴4(被动轴)分别由件11(轴承6204)和件5(轴承6206)支承，轴承安装时的轴向间隙由调整环18和6调整。减速器采用稀油飞溅润滑，箱内油面高度通过玻璃片22进行观察。透气塞32的作用是为了随时排放箱内润滑油受热后挥发的气体和水蒸气等。油塞14为换油清理时用。

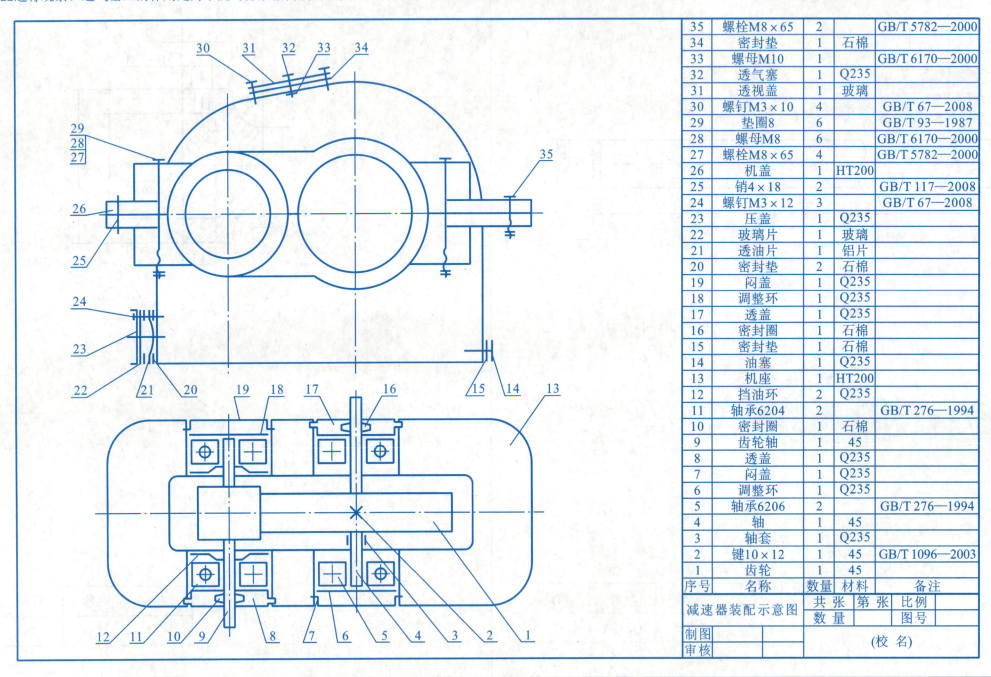

| 模数 | $m$ | 2 |
|---|---|---|
| 齿数 | $z_2$ | 55 |
| 压力角 | $\alpha$ | 20° |
| 精度等级 | | 9—7—7 GM |

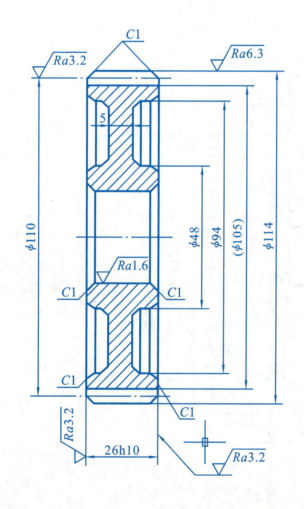
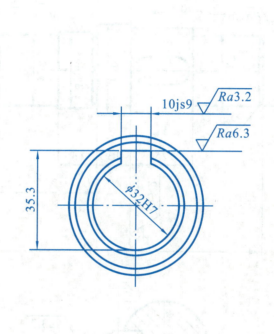

| 序号 | 名称 | 材料 | 比例 | 数量 |
|---|---|---|---|---|
| 1 | 齿轮 | 45 | | 1 |

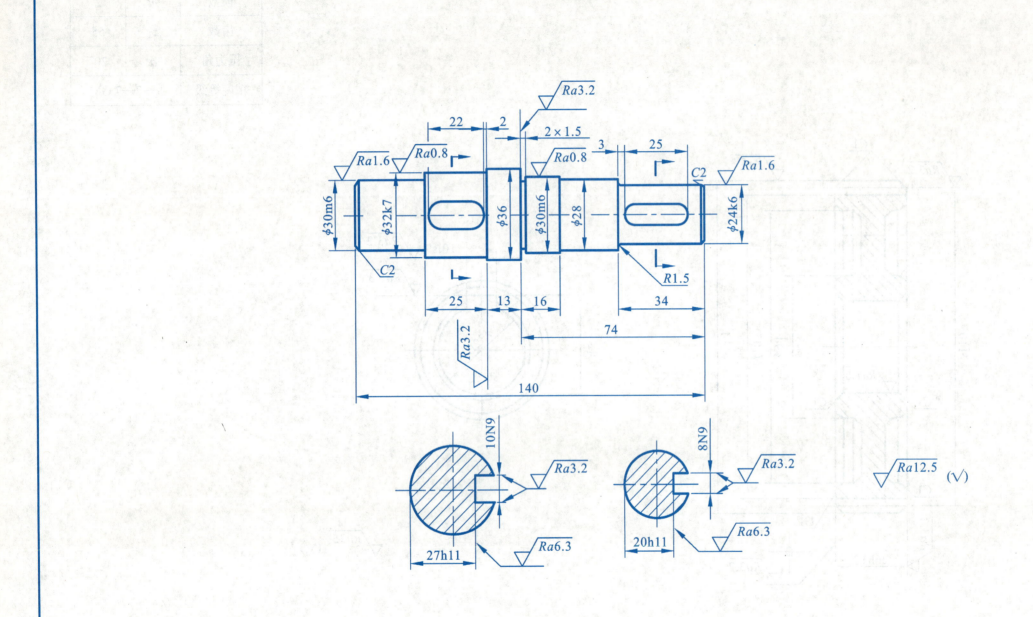

| 模数 | $m$ | 2 |
|---|---|---|
| 齿数 | $z_1$ | 15 |
| 压力角 | $\alpha$ | 20° |
| 精度等级 | | 9—7—7 GM |

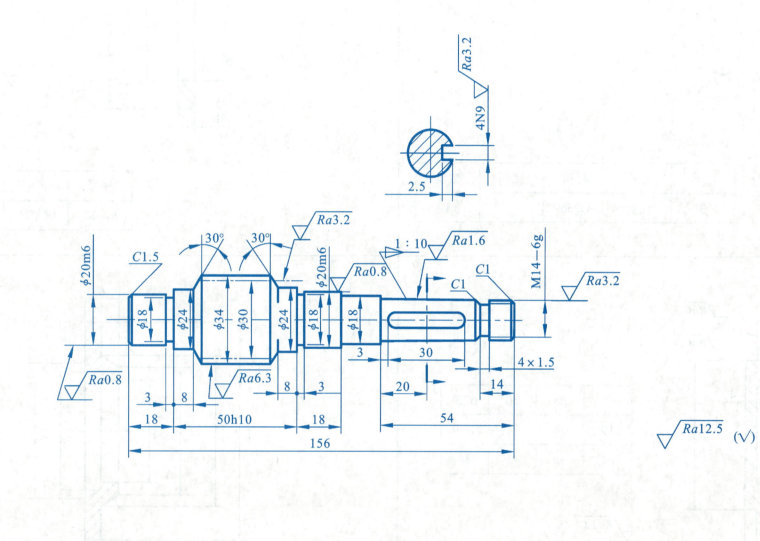

| 序号 | 名称 | 材料 | 比例 | 数量 |
|---|---|---|---|---|
| 9 | 齿轮轴 | 45 | | 1 |

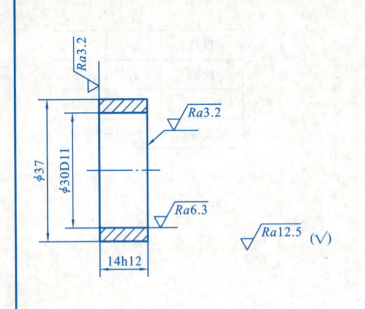

$\sqrt{Ra12.5}$ (√)

| 序号 | 名称 | 材料 | 比例 | 数量 |
|---|---|---|---|---|
| 3 | 轴套 | Q235 | | 1 |

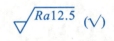

| 6 | 52 | 62h12 |
|---|---|---|
| 18 | 37 | 47h12 |
| 序号 | $\phi a$ | $\phi b$ |

$\sqrt{Ra12.5}$ (√)

| 序号 | 名称 | 材料 | 比例 | 数量 |
|---|---|---|---|---|
| 6, 18 | 调整环 | Q235 | | 各一件 |

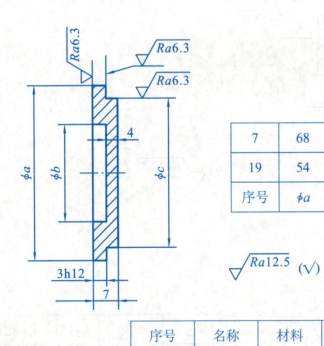

| 7 | 68 | 50 | 62f9 |
|---|---|---|---|
| 19 | 54 | 31 | 47f9 |
| 序号 | $\phi a$ | $\phi b$ | $\phi c$ |

$\sqrt{Ra12.5}$ (√)

| 序号 | 名称 | 材料 | 比例 | 数量 |
|---|---|---|---|---|
| 7, 19 | 闷盖 | Q235 | | 各一件 |

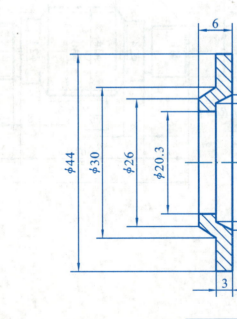

$\sqrt{Ra12.5}$

| 序号 | 名称 | 材料 | 比例 | 数量 |
|---|---|---|---|---|
| 12 | 挡油环 | Q235 | | 2 |

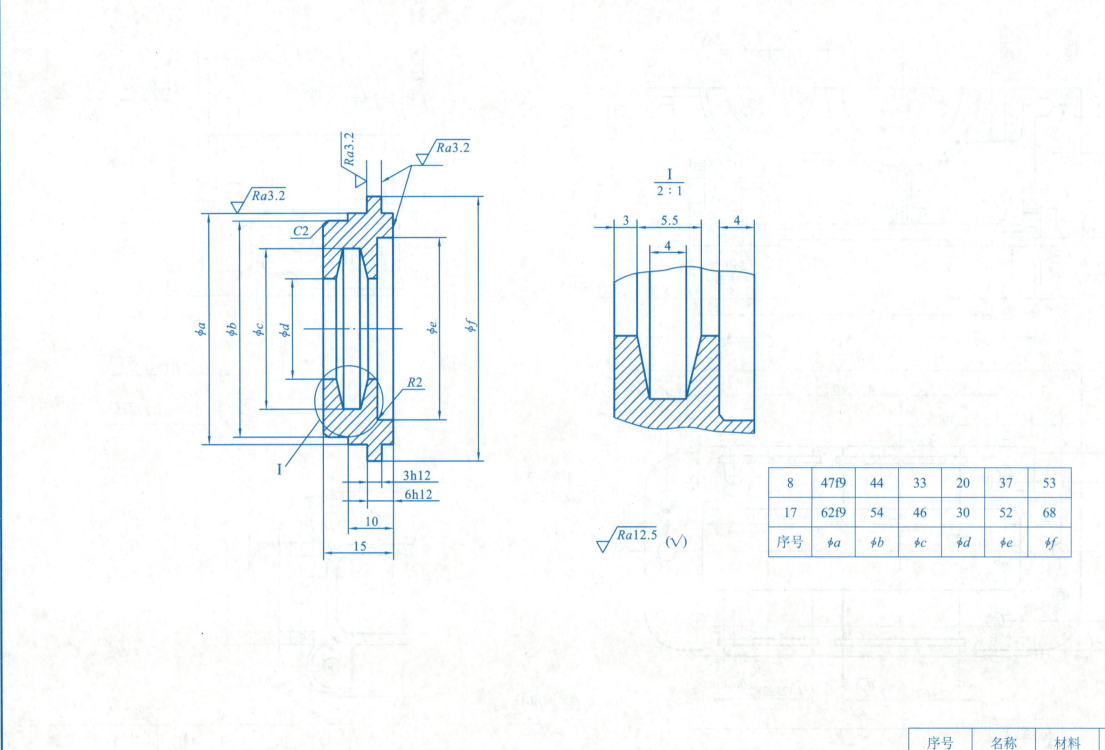

| 8 | 47f9 | 44 | 33 | 20 | 37 | 53 |
| 17 | 62f9 | 54 | 46 | 30 | 52 | 68 |
| 序号 | φa | φb | φc | φd | φe | φf |

| 序号 | 名称 | 材料 | 数量 |
|---|---|---|---|
| 8，17 | 透盖 | Q235 | 各一件 |

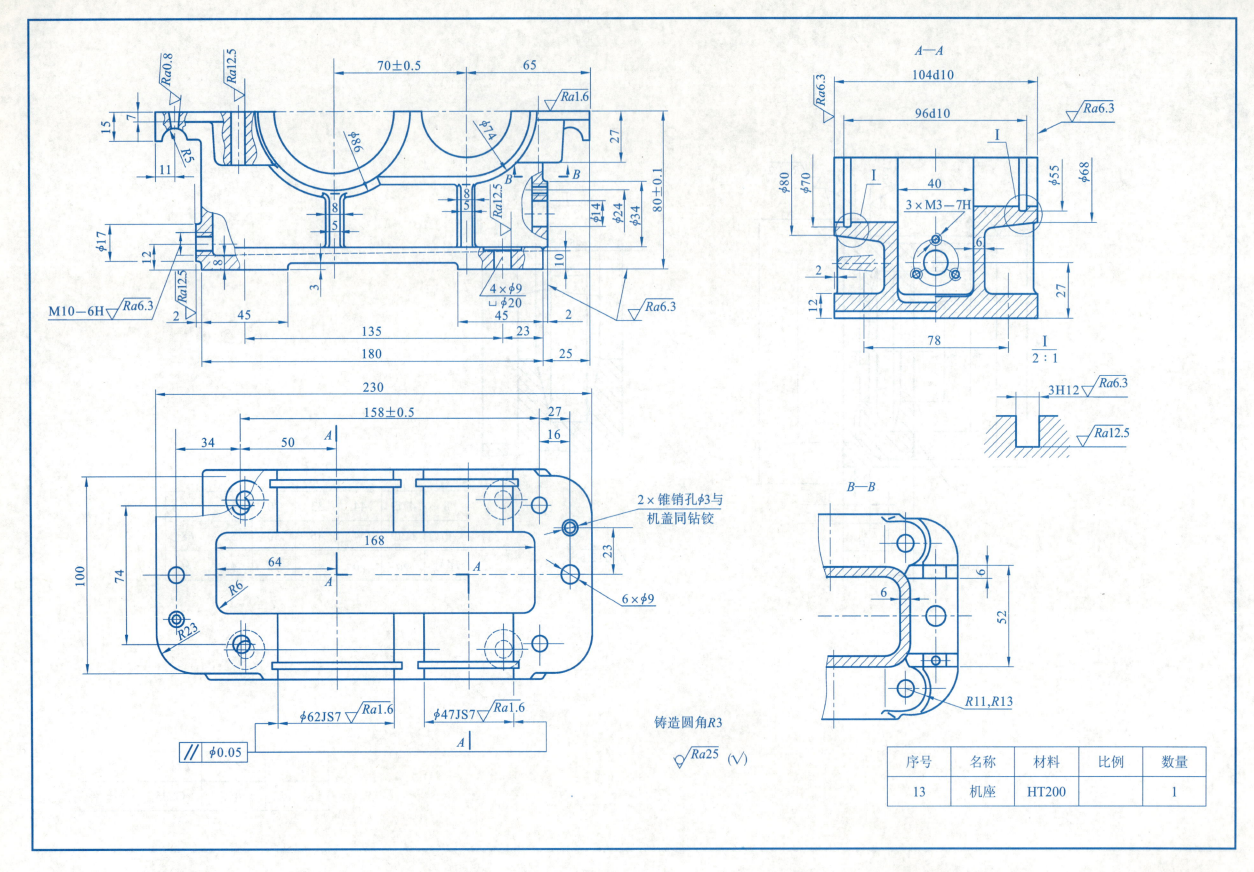

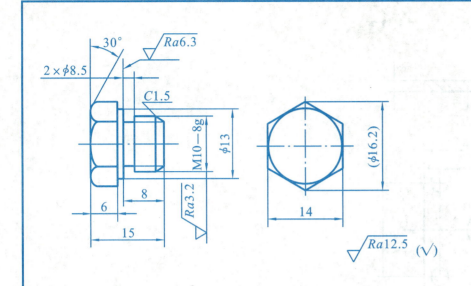
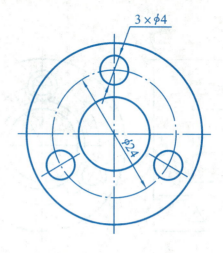

| 序号 | 名称 | 材料 | 比例 | 数量 |
|---|---|---|---|---|
| 14 | 油塞 | Q235 | | 1 |

| 序号 | 名称 | 材料 | 比例 | 数量 |
|---|---|---|---|---|
| 20 | 密封垫 | 石棉 | | 2 |

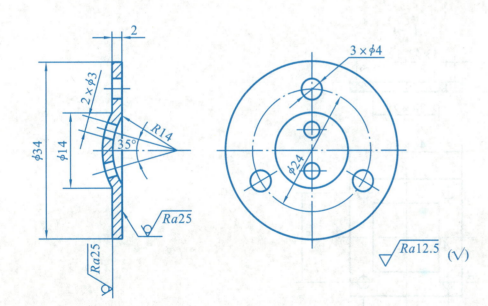
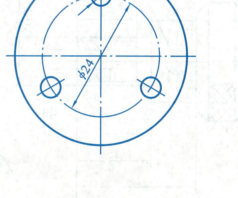

| 序号 | 名称 | 材料 | 比例 | 数量 |
|---|---|---|---|---|
| 21 | 透油片 | 铝片 | | 1 |

| 序号 | 名称 | 材料 | 比例 | 数量 |
|---|---|---|---|---|
| 22 | 玻璃片 | 玻璃 | | 1 |

专业班级　　姓名　　学号

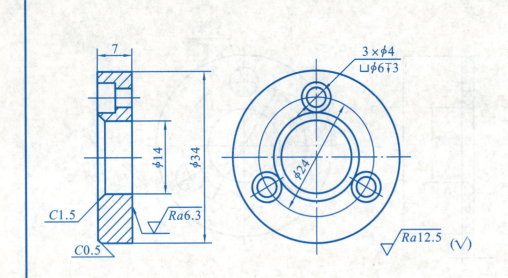

| 序号 | 名称 | 材料 | 比例 | 数量 |
|---|---|---|---|---|
| 23 | 压盖 | Q235 | | 1 |

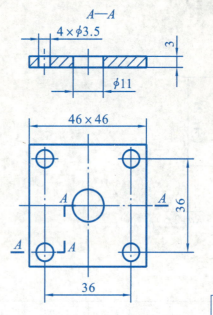

| 序号 | 名称 | 材料 | 比例 | 数量 |
|---|---|---|---|---|
| 31 | 透视盖 | 玻璃 | | 1 |

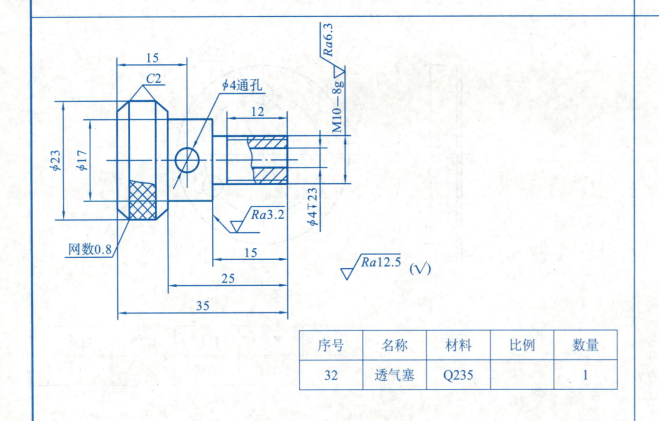

| 序号 | 名称 | 材料 | 比例 | 数量 |
|---|---|---|---|---|
| 32 | 透气塞 | Q235 | | 1 |

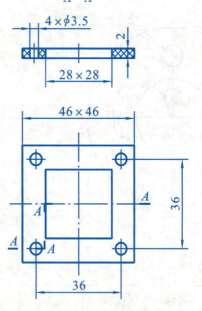

| 序号 | 名称 | 材料 | 比例 | 数量 |
|---|---|---|---|---|
| 34 | 密封垫 | 石棉 | | 1 |

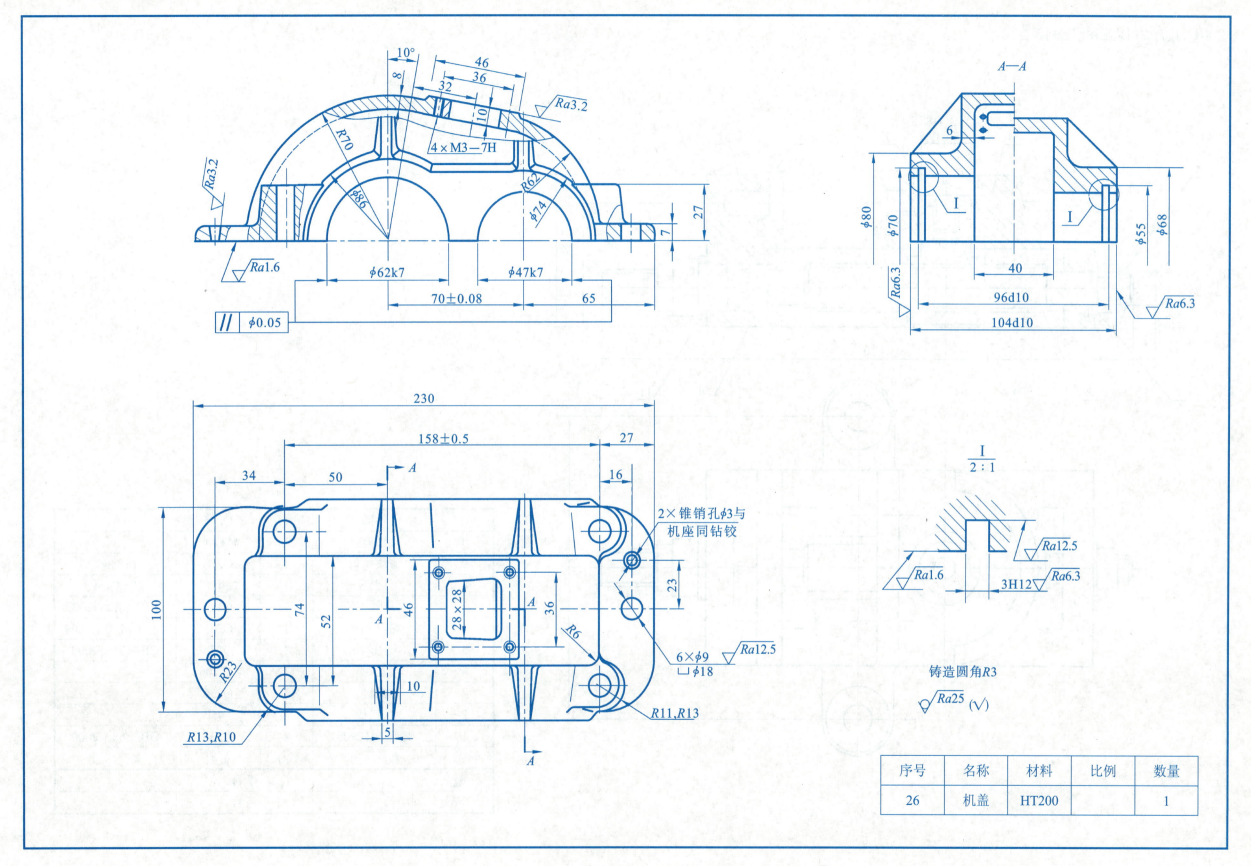

8-4 读台虎钳装配图回答问题。

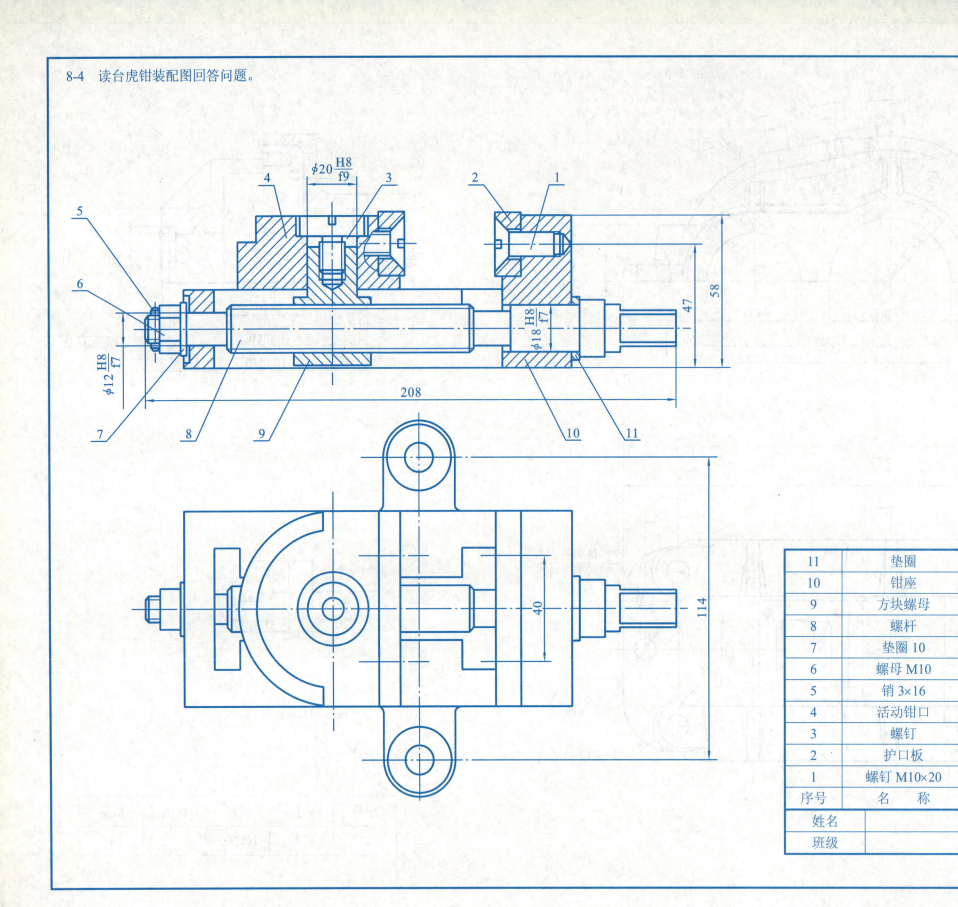

8-5 读齿轮油泵装配图回答问题。

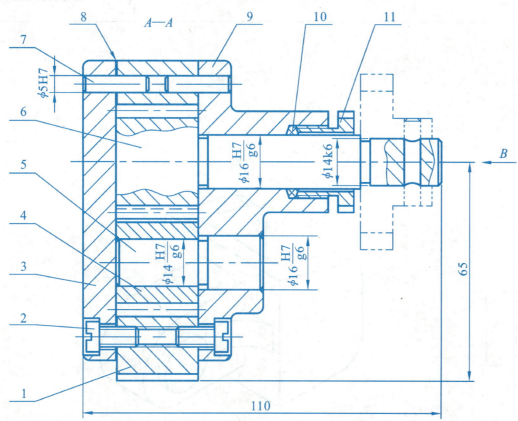
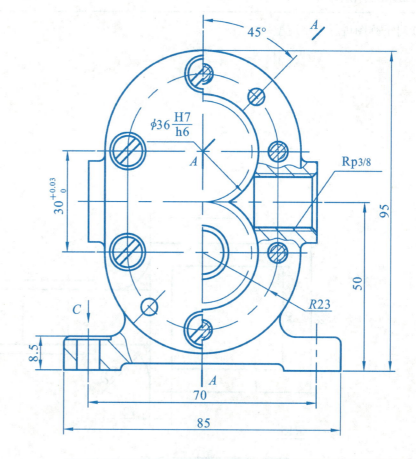

技术要求

1. 本齿轮油泵的输油量可按下式计算：$q_V=0.007n$，式中：$q_V$——体积流量，L/min；$n$——转速，r/min。
2. 吸入高度不得大于 500 mm。
3. $\phi5H7$ 两圆柱销孔装配时钻。
4. 装配完毕用手转动主动齿轮轴应旋转灵活。

1. 看懂装配图叙述齿轮油泵的工作原理。
2. 该部件名称由_____种零件组成，其中标准件有_____件，零件总数为_____件。
3. 该图主视图采取_____方法，左视图采取_____方法。
4. 齿轮油泵的规格尺寸为_____，安装尺寸为_____装配尺寸为_____。
5. $\phi16H7/g6$ 为_____配合，其中$\phi16$为_____，H7为孔的_____，H7的上偏差为_____，下偏差为_____。g6为轴的_____，g6的上偏差为_____，下偏差为_____。

| 11 | 螺母 | 1 | Q235 | |
|---|---|---|---|---|
| 10 | 填料 | 1 | 毛毡 | |
| 9 | 泵座 | 1 | Q235 | |
| 8 | 垫片 | 2 | 软钢纸板 | |
| 7 | 销 5×20 | 4 | 35 | GB/T 119.1—2000 |
| 6 | 主动齿轮 | 1 | 45 | $m=2$ |
| 5 | 从动轴 | 1 | 45 | $z_1=15$ |
| 4 | 从动齿轮 | 1 | 45 | $m=2$ |
| 3 | 泵盖 | 1 | HT200 | $z_2=15$ |
| 2 | 螺钉 M6×14 | 12 | Q235 | GB/T 65—2000 |
| 1 | 泵体 | 1 | HT200 | |
| 序号 | 名称 | 数量 | 材料 | 备注 |

齿轮油泵

专业班级　　姓名　　学号

# 第 10 章 机械三维图形简介

10-1 利用 AutoCAD 对下列图进行三维造型。

(1)

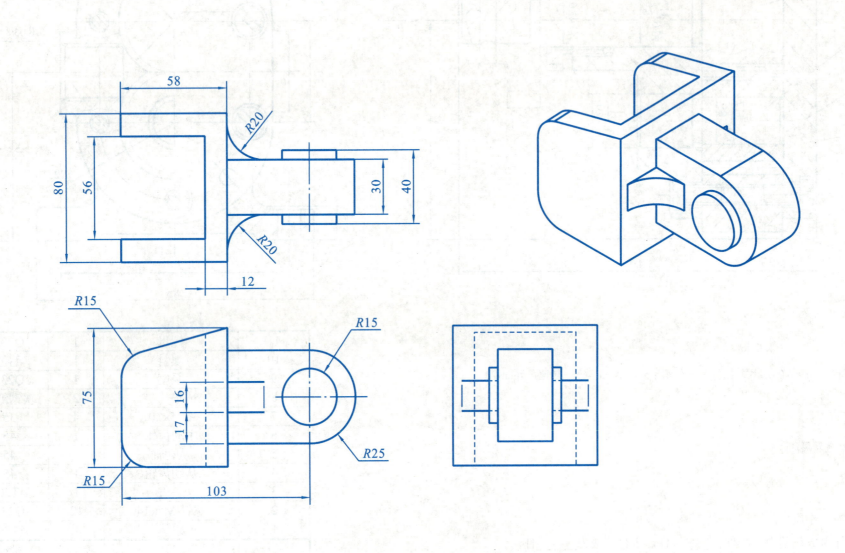

(2)

(3)

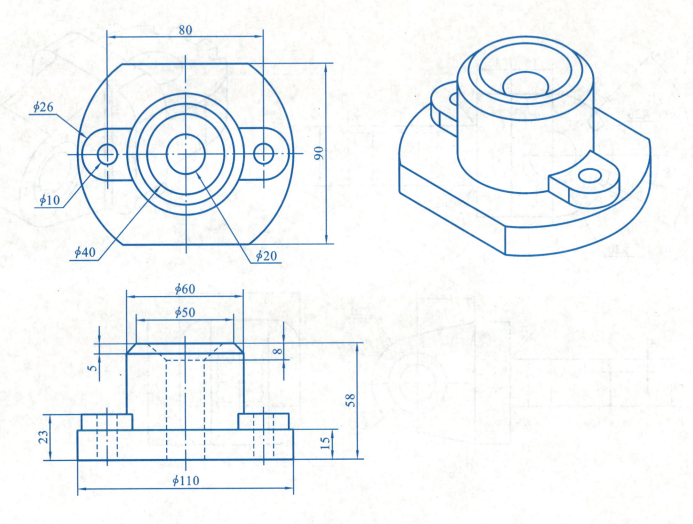

(4)

(5)

(6)

(7)

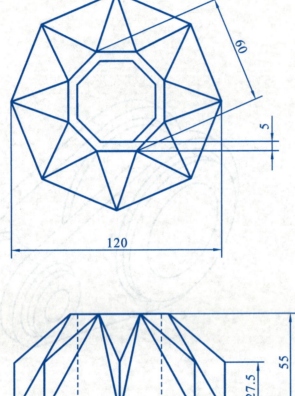
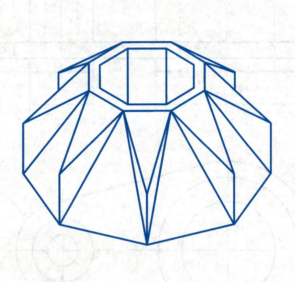

(8)

(9)

(10)

(11)

附注：圆管直径为10 mm。

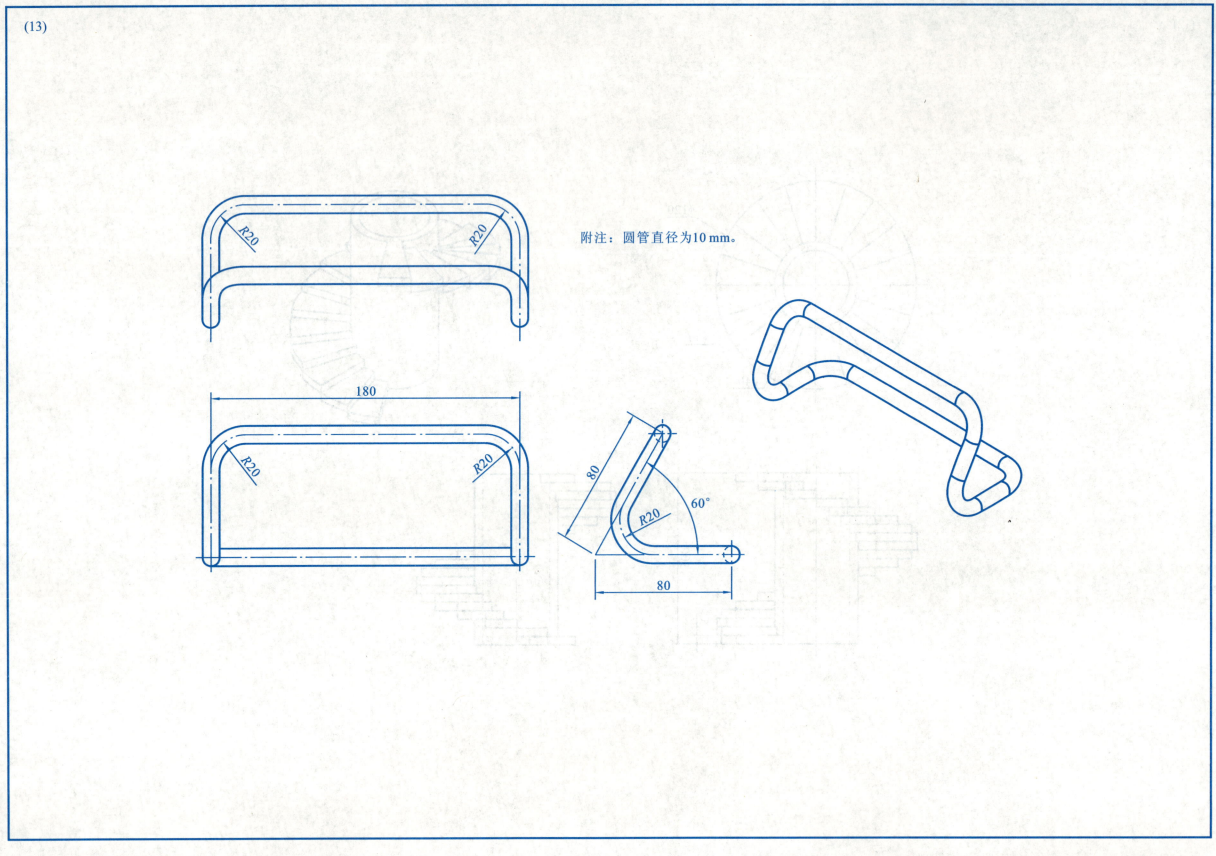

(14)

(15)